哈佛大学青春成长课
Personal Development Course from Harvard University
从中学生到上班族，人人都需要上的一堂课！
追踪哈佛18年，终成此书！

你做梦时总有人在努力

Fighting While Others are Daydreaming

韦因 / 著

化学工业出版社
·北京·

图书在版编目（CIP）数据

你做梦时总有人在努力——哈佛大学青春成长课/韦因著. —北京：化学工业出版社，2015.3（2024.5重印）
ISBN 978-7-122-22664-8

Ⅰ.①你… Ⅱ.①韦… Ⅲ.①成功心理-青少年读物 Ⅳ.①B848.4-49

中国版本图书馆CIP数据核字（2014）第309128号

责任编辑：马　骄　　　　　　　文字编辑：梁郁菲
责任校对：战河红　　　　　　　装帧设计：史利平

出版发行：化学工业出版社（北京市东城区青年湖南街13号　邮政编码100011）
印　　装：涿州市般润文化传播有限公司
710mm×1000mm　1/16　印张15　字数198千字　2024年5月北京第1版第6次印刷

购书咨询：010-64518888　　　　　　　　售后服务：010-64518899
网　　址：http://www.cip.com.cn
凡购买本书，如有缺损质量问题，本社销售中心负责调换。

定　　价：49.90元　　　　　　　　　　　　　版权所有　违者必究

在醒着的时间里有所追求

——哈佛大学校长德鲁·福斯特（Drew Faust）的期望

记住我们对你们寄予的期望，尽管你们觉得不一定能实现，但是也要记住，它们至关重要，因为它们是你们人生的北极星，指引你们到达对自己和世界有意义的地方。生活的意义自始至终都由你们自己创造。

在这所备受世界关注的学校，一直以来每个人都是好学求知的，所以你们期待我的演讲能传授智慧。今天，我站在这个讲坛上，穿得像个牧师。这身装束可能会把我的许多前任校长吓坏，还可能让英克利斯和考特恩父子出现在如今的"泡沫派对"上。但是现在，我们齐聚在这里，这是一个属于真理、追求真理的时刻。

在这里，我当校长还不到1年时间，而你们已经求学4年；我只认识大四一个班的学生，而你们认识三任校长。所以，智慧从何谈起呢？或许，我们可以用哈佛法学院教授们随机提问的方式，你们提问，我来回答，让我在接下来的1小时时间里回答你们的问题。

那么现在，就让我们把这个毕业典礼想象成一个问答式的环节，你们来提问。"福斯特校长，我们在哈佛苦读4年是为了什么？生活的意义又是什么？福斯特校长，从你大学毕业到现在40年了，你肯定学到了很多东西吧？"

在过去的这一年里，你们一直对我提出问题，让我回答，只是你们提问的范围太小。我也一直在思考，该怎样回答，还有你们提问的动机，这是我更感兴趣的。

在纽约，有高薪且让人无法拒绝的企业、有趣的工作、能与朋友一起享受生活。有许多理由都可以解释这些选择。可能你们中的一部分人，本来就决定过这样的生活，起码在一两年之内。另一部分人则认为先要利己才能利人。尽管如此，你们还是问我，为什么要走这条路。

我觉得在某种程度上，我更关心的是你们为什么问这些问题，而不是给出答案。如果戈尔丁和卡茨教授的结论是正确的；如果金融行业的确就是"理性的选择"，那么你们为何还是不停地问这个问题呢？这种看似理性的选择为何会使你们觉得难以理解，甚至在某种意义上是出于被迫或必须，而不是自愿的呢？为何这个问题会使你们这么多人困惑呢？

我认为，你们之所以困惑，是因为你们不想自己的生活只是传统意义上的成功，而且还要使生活有意义。但是你们又不知道该如何协调这两个目标。你们不清楚，在一家世界范围内有着很好口碑的公司里干着一份起薪很丰厚的工作，再加上可预见的未来财富，是否能满足你们自己的内心。

你们为什么会有这种困惑？这多少是我们学校的错。从你们一进校门，我们就告诉你们，你们将会成为未来的领袖，你们是最优秀、最聪慧的，是我们的依靠，你们在未来将会改变整个世界。我们对你们寄予厚望，这反而成了你们的负担。其实，你们已经取得了不错的成绩：你们参与各种课外活动，表现出服务精神；你们大力提倡可持续发展，透露出你们对这个星球未来的关注；你们积极参与今年的总统竞选，为美国政治注入了新的活力。

而现在，你们中有很多人不知道该如何把以上这些成绩与择业结合起来。是否一定要在有利益和有意义的工作之间做出选择？如果必须选择，你们会选哪个？有没有一种可能，两者兼得呢？

你们问我和问你们自己的，都是一些最根本的问题：关于价值、关于试图调和有潜在冲突的一些东西、关于鱼与熊掌不可兼得的深刻认识。你们现在正处于一个转变的时刻里，需要做出抉择，工作、职业、继续深造，这些都意味着要放弃其他选项。每一个决定都意味着得失，所谓有得必有失。你们问我的问题，大体就是如此，关于舍弃的人生道路。

金融业、华尔街和"招聘"已经变成了这个两难困境的标志，这代表着很多问题，其意义要远比选择一条职业道路宽广和深刻。在某种意义上，这些是你们所有人在不同时刻都会遇到的问题。当你从医学院毕业并选择专业方向时，是选择做全科家庭医生还是做皮肤科医生；当你获得法学学位之后，要选择的是去一家公司工作还是做公共辩护律师；当你在"为美国而教"进修 2 年以后，要决定是否继续从事教育。你们之所以担心，是因为你们既想活得有意义,又想活得成功;你们很清楚,你们所受的教育是让你们不仅为自己,为自己的舒适和满足,更要为你们身边的世界创造价值。而现在,你们必须想出一个方法,去实现这一目标。

我听过你们在谈论现在面临的种种选择,所以我知道你们对成功和幸福的关系感到非常烦恼,或者更准确地说,该如何定义成功,才能使它产生并包含真正的幸福,而不只是金钱和名望。你们担心经济回报最多的选择,可能不是最有意义或者不是最令人满意的。但你们想知道自己到底应该怎样生存。不论是作为艺术家、演员、公务员还是高中老师,你们要怎样找到一条通向新闻业的道路?在不知道多少年之后,完成了研究生学业和论文,你们会找到英语教授的工作吗?

答案是:只有试过才会知道。但是,不论是绘画、生物还是金融,如果你不去尝试做你自己喜欢做的事;如果你不去追求你认为最有意义的东西,你一定会后悔的。人生的道路很长,总有时间去实施备选方案,但一定要切记,不要一开始就退而求其次。

我将这称为择业停车位理论,几十年来一直在与同学们分享。不要因为觉得肯定没有停车位了,就把车停在距离目的地20个街区远的地方。直接去你想去的地方,如果车位已满,再绕回来。

你们可能喜欢投行、金融或咨询,它可能就是你的最佳选择。也许你们和我在柯克兰楼吃午饭时遇到的那个大四学生一样,她刚从西海岸一家知名咨询公司面试回来。她问:"我为什么要做这行?我讨厌坐飞机,我不喜欢住酒店,我不会喜欢这个工作的。"那就找个你喜欢的工作。要是你在醒着的时间里超过一半都在做你不喜欢的事情,你是很难感到幸福的。

但是,最重要的是,你们问问题,既是在问我,更是在问你们自己。你们在选择道路的同时又质疑自己的选择。你们知道自己想要什么样的生活,只是不确定自己所选的路到底对不对。这是最好的。这也是,我希望,从某种程度上说,是我们的错。

对你的生活进行反思,思考自己怎样才能好好生活,想想怎样对社会有用,这些也许就是人文教育传授给你们最宝贵的东西。

人文教育(liberal education)就是要求你们自觉地生活,它赋予你寻找和定义自己所做的事的内在意义的能力。它使你学会自我分析和评判,让你从容把握自己的生活,并掌控其发展路径。正是在这个意义上,"人文"才是名副其实的 liberare ——自由。

它们赋予你开展行动、发现事物意义和做出选择的能力。通往有意义、幸福生活的必由之路是让自己为之努力奋斗。不要停歇。随时准备着改变方向。记住我们对你们寄予的期望，就算你们觉得不能实现，也要记住，它们至关重要，是你们人生的北极星，指引你们到达对自己和世界有意义的地方，生活的意义自始至终都由你们自己创造。

　　我迫不及待地想知道你们将来会变成什么样子。一定要经常回来，告诉我你们过得如何。

为什么你还不够优秀?

前言

很多人问我:"为什么我并不傻,也不懒,却还是不够优秀?"

我对这个问题的答案只有一个:你还没有真正让自己去改变,强迫自己去成功,所以你永远不知道自己能有多优秀。

一位儿童游泳教练曾经对我说,你知道如何让不会游泳的小孩快速学会游泳吗?很简单,你只需要把他扔到水里,让他去挣扎,去适应水里的感觉。我问他,这样做难道不危险吗?教练说不用担心,只要及时做好保护就行,慢慢练习,任何人都能学会游泳。因为在危机情况下,人的潜能被释放出来,学什么做什么都能又快又好。

这位教练的一番话,让我不禁感叹,我们大多数的人都过得过于安逸,我们有目标,却缺乏那种危急时刻强迫自己的决心,所以大多数人的生活总是平庸的,人们渴望成功,但总是对自己狠不下来。这就是成功者和平凡者之间的区别。

由于工作的关系,过去几十年里,我接触过形形色色的人,其中有创业的企业家、知名的影视名流以及各种政界人士。我最大的感触是,这些成功者的血液中流淌着一种向上的力量,这种力量可以称之为"强迫自己"的力量,就像奥林匹克精神倡导的那样,人们为了追求更高的目标而让自己不断变得更加优秀。

据我了解,奥普拉·温弗瑞曾经强迫自己在1年时间内阅读了上百本书,并一直保持阅读的习惯,这让她成为了当今最睿智的主持人之一;飞人迈克尔·乔丹在高中时,要求自己每天练习至少300次投篮,很快他就在球队中脱颖而出,并得到NBA联盟的关注;克里斯蒂安·贝尔为了饰演《机械师》中骨瘦如柴的主角,在2个月时间里强迫自己减去了63磅,通过这部影片,贝尔迈出了成为世界一线男星的重要一步!

你看,那些真正取得巨大成功的人,在他们伟大光环的背后,往往有着鲜为人知的一面。只有不断强迫自己,才有可能超越所有的人,成为一个优秀的人。也只有保持这股力量,你才能够从优秀变得更优秀,直到走上卓越的巅峰。

关于这一点,在全美乃至全世界范围内,哈佛大学(简称哈佛)一直为全球的青年人树立着榜样。在这所学校里,先后诞生了8位美国总统、40多位诺贝尔奖得主和30多位普利策奖得主。哈佛大学的一举一动影响着美国的社会发展和经济的走向,除了政治和文化,哈佛大学更是培养创造出了微软、IBM、Facebook等一个个商业奇迹的精英。

你要知道,每一个能进入哈佛大学学习的人,都可以说是同龄人中的佼佼者,他们都已经十分优秀了,只要能顺利毕业,就能顶着哈佛大学的光环得到一份相当不错的工作。

但是,当你真正走进哈佛大学,并在里面生活一段时间,你会发现,哈佛大学的同学对自己的要求和所有已经成功的人士是出奇的一致。我到哈佛大学进行过数次的访问和学习,我深深了解这所伟大学校的灵魂所在。

在哈佛大学里,人们总是用更高的目标来驱动自己,强迫自己变得更优秀,每一个哈佛人都深深牢记着这句话:"你做梦的时候,总有人在努力。"于是,你会看到图书馆里深夜苦读的身影、校园里抱着厚厚一摞书走路的学生、积极参加各种社会活动的年轻人。

关于哈佛大学的精神,商学院教授大卫·沙尔夫斯坦曾告诉我说:"我在哈佛大学工作了10年,如果说到哈佛大学的学生有什么不同的话,我想是他们更积极主动。我的学生从来不会等着我去给他们布置论文和阅读的书籍,相反,他们总是会冷不丁找我探讨他们正在做的课题。如果这样的人不能成功的话,那么,谁还能成功呢?"

另一位法学院教授乔迪·弗里曼也表达了她对自己学生的看法:"他们每一天都在和自己竞争,他们有强大的自我驱动力,不放过任何学习的机会。这很可怕(微笑),因为他们中的很多人已经超出了我们的期望,足可以在社会中独当一面了。但是我不会告诉他们,因为他们还能更加优秀。是的,他们一定可以的。"

从某种意义上来说,你能取得多大的成功,取决于你有多优秀。一个糟糕的人,绝对不会有很大的出息,他甚至连一点点目标都没有。所以,优秀是成功的前提。而如何变得优秀呢?就像哈佛人一样,对自己狠一点,每天都多一分努力,你才能逐渐让自己变得更优秀。

韦因

2015年1月

第一章 把表拨快5分钟

生命并不漫长 /002
信念是一种无形的力量 /004
等待很容易让人迷茫 /006
年轻的你，有无限的可能 /009
做最优秀的自己 /011
和时间来一场赛跑 /014
你的效率决定成就 /016
年轻，就可以浪费时光吗 /019
为成功加快脚步吧 /022

第二章 没有人能代替你成长

成功的前提是成长 /026
思考是强大的第一步 /028
不要再痴迷于游戏了 /031
责任是成熟的标志 /033
告别依赖，才有成长 /035
疼痛的反面是进步 /037
别人无法永远推动你前进 /040
你的主见很重要 /042
别人的意见也很重要 /045

第三章 恐惧无法让你解决问题

越让人恐惧的事,越值得战胜 /050
克服恐惧的步骤方法 /052
不逃避就是初步的胜利 /055
相信自己能够解决问题 /058
勇敢是成功者的通行证 /060
消除对失败的担忧 /062
你出错了,那并不可怕 /064
不下水,你永远学不会游泳 /067
和自己不断较量,才能不断超越 /069

第四章 不要小瞧自己的能量

每个人都有无限潜能 /074
自信是释放潜能的金匙 /076
信念是一种无形的力量 /079
挖掘体内的金矿 /081
提高对自己的期望 /084
没有目标的船,哪儿也去不了 /087
让目标驱动你的生活 /089
积极的心态会帮到你 /092
暗示自己,你能做得更好 /094
清除思想中的负能量 /097

第五章 学习的能力是训练出来的

你是一流的学习者吗 /102

"好玩"是最好的老师 /104

多问自己一些问题 /106

有目标的学习更高效 /109

让你的短板变长 /111

专注是成功的基石 /113

哈佛的字典里没有"毕业" /116

更新你的知识储备 /118

随时随地都可以学习 /121

第六章 学会与人交往

独立的人也需要与人交往 /126

信任别人的同时,收获信任 /128

与人为善是好习惯 /131

积极参加团队的活动 /133

帮助别人也是帮助自己 /135

欣赏身边的人并赞美他们 /138

敞开你的心扉与人交流 /140

倾听让你收获颇丰 /142

遵守你做出的任何承诺 /144

宽容会让你和对方都轻松 /147

第七章 改掉坏习惯，做最优秀的自己

不要"放纵"自己 /152
诱惑的背后隐藏着"毒蛇" /154
懒惰是失败者的"温床" /157
杂乱无章的人容易陷入被动 /159
攀比会让自己彻底迷失 /161
习惯拖延的人只能原地踏步 /164
你不是艺术家，无需追求完美 /166
不愿分享，就无法得到 /168
放松之时，能量即流失 /171

第八章 感恩与爱的力量

无论如何，请接纳自己 /176
感谢，并且好好爱自己 /178
"自爱"不等于"自恋" /181
抱怨最消耗你的能量 /183
用感恩代替抱怨 /186
这个世界真的不公平吗 /188
消除烦恼三步法 /191
整个世界都在帮你 /193
向身边的人表达感恩 /195

第九章 奋斗,然后成为哈佛No.1

今天的奋斗决定未来 /200

离开你的"安乐窝" /203

多晚开始都不算晚 /205

跨过阻挡你的那道栏 /208

发挥你的天赋才叫"酷" /210

不要渴望被赞美 /213

让自己多一点自制力 /215

不妨多一点偏执狂精神 /219

第一章 把表拨快5分钟

从时间长度上来讲，每个人的青春都是一样的，但从质量上来说，却是截然不同的。100个人的青春，有100种过法，有无限的可能，有人成功，有人失败，有人积累了经验和财富，有人在碌碌无为中度过。总之，怎样驾驭你的时间，就会有怎样的结果。在哈佛大学（以下简称哈佛），大多数的人都愿意把表拨快5分钟，这是为什么呢？

生命并不漫长

每次到哈佛,我都会看到这样的画面:年轻人们在校园里匆匆走过,图书馆里到处是安静的、埋头苦读的人。在哈佛,绝大多数的人正在珍惜当下的时光,在互相竞争地去汲取知识。

我知道在当今社会中,大多数的年轻人都有一个想法,那就是生命如此漫长,要慢慢来,要学会享受生活。但在哈佛,人们最为普遍的认识是"生命并不漫长",甚至是极为短暂的。

雷滋·坎菲尔德,我在哈佛里见过的最刻苦的孩子,多届奖学金获得者。他每天早上5点钟起床看书,然后去上课,在餐厅吃完午餐后便到图书馆里泡上1天。直到第二天凌晨一二点钟才回到宿舍,每天只睡三四个小时。假期还要参加各种社会活动。

我问雷滋,难道你一定要把时间安排得这样满吗?

雷滋笑嘻嘻地说:"是的,我已经习惯了,而且我还会把表拨快5分钟呢。"

"哦?你为什么那样做?"我好奇地问。

"因为我想提前完成手上的事情,无论做什么,这样让我感觉很好。"

我点了点头。

他突然问起我一个问题:"韦因先生,你不觉得生命太过于短暂了吗?"

"为什么你会这么认为呢?"我吃了一惊。

"因为事实如此啊!"雷滋斩钉截铁地说:"您看,我算了一笔账,人的一生能够创造价值的时间大概就是进入社会到退休为止的30年。而这30年中，每天真正有意义的时间也就8~10小时，就算是10小时，那么我们一生中真正有意义的、能创造价值的时间最多也就10万小时。听上去很多是吧，但是从我出生到现在已经过去了20万小时，时间过得多快啊，可我现在还只是一个大学生而已。您说是这样吧？"

"嗯，"我点点头，"是这样，这就是人生，它并不漫长。"

"所以，我想珍惜我在大学里的每一天，最大限度地利用好时间，只有这样，在我真正进入社会之后，我才能在同样短暂的时间里创造更多的价值，实现我的创业梦想。"雷滋充满自信地说。

雷滋的话让我感到了一股力量，我想大多数哈佛的年轻人都有这种想法，否则，他们不会出奇的一致。今天你对时间的态度，决定了你的人生态度，而你的人生态度将会决定你人生的一切。

在我看来，每个人天生都并非是公平的，无论是家庭背景、智商、能力等等，在哈佛、斯坦福等这些知名大学中，每个人也截然不同。但唯一公平的是，上帝给每个人都安排了相同的时间。

我很奇怪的是，那些每天混日子的年轻人，难道每一天可以支配的时间，比哈佛里的年轻人要多出几小时吗？为什么要把时间浪费在毫无意义的享乐上呢？你是这样的人吗？

我相信，你不是这样的人，只是你并没有像雷滋那样的哈佛年轻人一样，对生命的长短有正确的认识，也或许你并没有树立你的理想，但我相信，无论你来自何方，是否在名校学习，你绝不想自甘堕落，你都可以创造你的未来，这只需要你重新认识到生命的特质——它并不短暂。

你一定很崇拜奥巴马总统吧？有一天，我的一位议员朋友给我讲了这样一件事。那是奥巴马总统上任之后，某天早上5点钟，这位议员朋友正在舒舒服服地睡觉，忽然电话声音响起，他迷迷糊糊地接起了电话，用略带困意的声音问道："喂，谁呀？"

电话那边一位男士很平静地说："您好，我是卢沛宁（奥巴马总统的内阁秘书），总统刚刚看过你的报告，希望你今天能够来白宫一趟，时间是下午2点……"我的这位朋友一听是总统的事，困意立刻全无，他马上从床边拿起纸和笔记录了下来。最后，他在电话里问卢沛宁："您说总统刚刚看过我的报告？"

"是的，总统每天4点多就开始工作了。下午见，对了，你可以再接着睡一会儿。"卢沛宁不乏幽默地回答道。

不知道你发现没有，任何伟大的人物在光环背后，都有充分利用时间的好习惯，奥巴马总统也是这样。他会早起处理各种文件、报告，还会拿出时间与内阁讨论，参与各种社会活动等等。如果你不懂得珍惜和利用时间，那么，注定你的一生将会碌碌无为。

我的建议是，把表拨快5分钟，试着让自己加快行动的脚步，在有限的时间里，做更多有意义的事情，无论是学习、工作还是其他什么，保持高效率的同时，你会收获到意想不到的成绩。

信念是一种无形的力量

信念是一种奇怪的东西，又是一股强大的力量，因为很多时候只要你相信自己做得到，就一定会做得到。

传说，有一位雕塑家发现自己的面貌越来越丑陋，他四处求医，最后一座教堂的神父说可以医治他的病，但雕塑家必须做一点工——雕塑几尊神态各异的圣母玛利亚像。玛利亚是慈祥、善良、圣洁、正义的化身，雕塑家在雕塑中不断研究、琢磨玛利亚的德行言表，最后，甚至相信自己就是玛利亚。

半年后，雕塑工作完成了，雕塑家惊喜地发现自己已经变得神清气爽，端正庄严。此时雕塑家已经找到了原来变丑的病根。前两年他一直雕塑一些恶人，久而久之觉得自己也是那样的人，生活中只有这样的人；后来通过雕塑圣母玛利亚像，他恢复了对真善美的信心。而且他觉得自己就是真善美的化身，结果他就真的成为了那样的人。

一个人是什么，是因为他相信自己是什么。那么相信你自己能行，就一定行。在哈佛大学，每一年毕业的学生中，取得成就最大的，不一定是学习成绩最好的，但一定是坚守自己信念的。因为这样的人在社会中，不容易被外界所影响，他的内心无比强大，更容易按照自己的意念来行动。往往是这样的人，走上了成功的顶峰。

一个没有信念，或者不坚持信念的人，只能平庸地过一生；而一个坚持自己信念的人，永远也不会被困难击倒。因为信念的力量是惊人的，它可以改变恶劣的现状，得到令人难以置信的圆满结局。

随着《哈利·波特》风靡全球，它的作者J.K.罗琳成了英国最富有的女人之一。但她曾有一段穷困落魄的时期，她的成功恰恰在于她坚持自己的信念。

罗琳从小就热爱文学，热爱写作和讲故事，而且她从来没有放弃过。大学时，她主修法语。毕业后，她只身前往葡萄牙发展，随即和当地的一位记者坠入情网，并结婚。

无奈的是，这段婚姻来得快去得也快。婚后，丈夫的本来面目暴露无遗，他殴打她，并不顾她的哀求将她赶出家门。

不久，罗琳便带着3个月大的女儿杰西卡回到了英国，栖身于爱丁堡一间没有暖气的小公寓里。

丈夫离她而去，工作没有了，居无定所，身无分文，再加上嗷嗷待哺的女儿，罗琳一下子变得穷困潦倒。她不得不靠救济金生活，经常是女儿吃饱了，她还饿着肚子。

但是，家庭和事业的失败并没有打消罗琳写作的积极性，用她自己的话说:"或许是为了完成多年的梦想,或许是为了排遣心中的不快,也或许是为了每晚能把自己编的故事讲给女儿听。"她成天不停地写作,有时为了省钱省电,她甚至待在咖啡馆里写上1天。

就这样,在女儿的哭叫声中,她的第一本《哈利·波特与魔法石》诞生了,并创造了出版界奇迹,她的作品被翻译成35种语言在115个国家和地区发行,引起了全世界的轰动。

罗琳从来没有远离过自己的信念,并用她的智慧与执着赢得了巨大的成功。即使她的生活艰难,她也坚信有一天,自己必定会达到事业的顶峰。

其实成功的秘诀很简单,相信自己最初的判断。虽然概率依旧是50%,但至少自信的人不会后悔。真正的成功并不是得到别人的认可,而是自认为今后无悔。人生百态,莫不如是。如果一个人对成功的信念不够坚定,那么他就会在充满困难和阻碍的现实面前缩手缩脚,很难到达成功的彼岸。我们应该拥有坚定的信念,应该相信自己总有一天会走向成功,因为我们每天都在为实现目标而坚持不懈地努力奋斗。坚定的信念可以帮助我们克服重重困难,跨过种种阻碍,坚定的信念可以促使我们付出积极努力的行动,最终迈向光明和成功。

等待很容易让人迷茫

我女儿小时候,读完童话故事,比如《白雪公主》《灰姑娘》《莴苣姑娘》之后,会问我:"爸爸,我的王子在哪里?如果我遇到危险了,谁会来救我?"

我会告诉她:"宝贝,你可能会对这个答案很失望。如果你遇到危险,爸爸会不顾一切去救你。但是我希望你记得，永远不要等着谁来救你，每个人都应该自己救自己。"

事情就是这样。

当我的小儿子为了该不该向自己喜欢的女孩子表白而苦恼时，我送给他的是珍妮特·温特森（Jeanette Winterson）《守望灯塔》中的一句话："当你爱一个人的时候你就应该说出来。生命只是时间中的一个停顿，一切的意义都只在它发生的那一时刻。不要等。不要在以后讲这个故事。"

虽然小儿子那少男少女的小狗式恋爱很快就无疾而终了，但我很高兴地看到，他比我早10年学会了不等待、不踌躇，不吝于保留自己的精力与付出。

我曾把人生追求分为三种状态，一种是舒服，一种是刺激，一种是辉煌。不管你想要的是哪种状态，假如自己现在没有身处其中，都免不了要付出一些代价去交换它。可是，假如我只是把时间当作代价，能换来我想要的生活吗？

当然是不可能的。仅仅付出时间的代价，却没有与之相应的努力，这种被动的等待，短期来看换来的是迷茫，长期来看得到的是蹉跎。

十几岁的时候，我也经常会说这样的话，"等我中学毕业了，我就……""等我大学毕业了，我就会……""等我买了房子，就会……""等我事业有成了……"我从来没有意识到，自己所有的生命，似乎都在用来等待。

然而有一天，我听到了爸爸的一位朋友无比哀痛地说了下面这段话："我真的不敢相信这是真的。她特别喜欢花，总是希望我能送鲜花给她，但是我觉得太浪费，等我们经济条件更宽裕点，等我们的小儿子也成年之后，我就可以送花给她了。所以，我总推说等到下次再买。结果，现在她再也没有以后了。我只能在她死后，用鲜花布置她的灵堂。"他那绝望的哀伤印在了我的脑海中，从此，我才深切体会到了这一道理：有太多人不肯把握当下，却把希望寄托在未知的等待上。

不管是送一朵鲜花给爱人，还是去学自己感兴趣的技术，或者去远方来一场旅行，你都没有必要等待。在你有足够的能力善待自己的时候、有足够的能力提高自己的时候，就立刻去做吧。你应该知道，生活总是在变动，未来的环境也总是不可预知的，乐观固然没错，但对未来的际遇盲目乐观就很可怕了。所以，所谓的最好的时机，往往就是现在这一刻。想做什么，想要什么，不要等待那个虚无缥缈的"某一天"，现在就可以开始准备了。

当然，我承认，很多时候等待是必然的。面包还没有烤熟你就着急去吃是不可以的，夏季还没过完你就盼着秋季出现也是不现实的。但在尊重自然规则的前提下，面对你的人生，面对你的未来，面对你的命运，你不可以等待某一天或某一个奇迹出现，更不可以对此产生依赖心理。因为，等待不仅很可能让你一无所获，更容易产生恶性循环。没有等到想要的结果固然会让你沮丧，但等待的过程更是让人迷惘。渐渐地，你会对自己的人生、自己的能力产生怀疑。你会渐渐习惯这种被动"等待"，而不是主动去创造幸福。就这样，"等待"这一习惯吞噬了你的信心、希望和激情，你只能继续等待下去。

总有一天你会发现，生命中，美好总是短暂易逝的，而一个人永远也无法预料未来，所以不要把希望寄托在等待上面。如果你愿意追寻生命的价值和意义，就不要在等待和迷茫中浪费生命了。我会用自己的人生经验告诉你：不要等到孤单时才想起朋友的温暖，你应该努力让友谊环绕在身边；不要等到有了职位时才去努力工作，否则你根本得不到自己如意的工作；不要等到失败时才记起他人的忠告，因为人生不是游戏可以重新开始；不要等到有人赞赏你时才相信自己，一个不自信的人很难做出令人赏识的举动；不要等到别人指出才知道自己错了，你完全可以进行自我反省；不要等到腰缠万贯才准备帮助别人，而是早早让助人成为一种人生习惯；不要等到渴望爱情时才肯付出，幸福不会守候在你身边等你……

年轻的你，有无限的可能

在墨西哥，有一个世界闻名的水晶洞穴叫"奈卡水晶洞"，它是世界上最大的水晶洞穴。那里的一切都是那么光彩夺目，站在那里欣赏水晶，宛若置身于一个璀璨的现代艺术博物馆中。然而，这个美丽的水晶洞穴，只是一场意外的发现。2000年，由于采矿公司要抽水，因此让2名矿工挖掘一条300米深的地下隧道，意外发现了这个夺目的新世界。

大自然往往是这样的，它有无数未知的美景等待我们去发现。那么我们自己呢？也同样如此，你和我，我们每个人身上都蕴藏着无穷的潜力。你应该知道，每个人都有约140亿个脑细胞，一个人穷尽一生，也只能利用肉体和心智能源的极小部分。所以，我们可以说，绝大部分人都只是处在"半醒"状态，还有许多未发现的"奈卡水晶洞"。

但是，生命短暂，你不是水晶洞，可以等上千年万年被人发现。在有生之年，尤其是在最有创造力的年轻时代，我们必须发掘自己的潜力，不要等待别人，你只能依靠自己、拯救自己、释放自己。

早在1947年，有一次，美孚石油公司当时的董事长贝里奇到世界各地巡视工作。在开普敦一家公司的卫生间，他看到一位小伙子跪在地板上擦拭水渍，每擦完一块地板，就虔诚地磕个头。贝里奇感到很奇怪，就问他为什么。小伙子说，他在感谢一位贵人，因为这位贵人让自己找到了工作，让自己有饭吃。

听完之后，贝里奇微笑着说："真巧，我也遇到了一位贵人，他让我成为了美孚石油公司的董事长，你愿意见见他吗？"小伙子一听感到很高兴，他非常乐意去拜访这位贵人。

于是，贝里奇告诉他，贵人住在南非有名的大温特胡克山，他专门为世界各地的人指点迷津，凡是遇到他的人都能拥有灿烂的前程。自己就是因为

20年前在那座山上遇到了他，才能拥有今天的地位。而且，假如小伙子愿意前往，自己可以帮他请1个月的假。

就这样，年轻的小伙子怀着无比激动的心情出发了。这1个月里，为了表示自己的虔诚，他风餐露宿，披荆斩棘，历尽千辛万苦，徒步登上了那座覆满了冰雪的大山。可是，在山顶仔仔细细寻觅了个遍，除了自己，他没看到任何人的踪迹。

失望地回到开普敦之后，他找到贝里奇，沮丧地说："董事长，我发誓自己认真找了，可是在山顶根本没有找到什么贵人，白雪上只有我自己的脚印。"

贝里奇依然微笑着说："没错，除了你自己，根本没什么贵人。"

小伙子若有所思地道谢告辞了。

20年后，这位名叫贾姆纳的小伙子，成为美孚石油公司开普敦分公司的总经理。当他讲起自己的经历时，喜欢说这样一句话："你发现自己的那天，就是遇到贵人的时候。"

的确是这样，因为，只有你自己，才能发现自身蕴藏着的无穷潜力。而且，只有你自己，才能让这些潜力迸发出来。

爱迪生曾经说："如果我们做出所有我们能做的事情，我们毫无疑问地会使自己大吃一惊。"那么，问问你自己：你有没有使自己惊奇过？假如迄今为止，你还从来没有让自己惊奇过，那么我只能说太遗憾了，照这样下去，你只会拥有苍白的青春和平淡无奇的一生。所以，未来拥有无限可能性的你，为什么不挑战一下自我，为什么不让自己为自己惊奇呢？

年轻的你身上有无穷的潜力，未来有无限可能，那么，在这无限的潜力和可能中，你该怎样选择其中的一种呢？

最直接也是最普遍的做法是选择自己的兴趣爱好。但是，还记得朱棣文在哈佛的那场演讲吗？他给了年轻的哈佛学子好几个忠告，其中一个是这样的："我还有最后一个忠告，就是说兴趣爱好固然重要，但是你不应该只考虑兴趣爱好。当你白发苍苍、垂垂老矣、回首人生时，你需要为自己做过的事感到自豪。物质生活和你实现的占有欲，都不会产生自豪。只有那些受你影响、被你改变过的人和事，才会让你产生自豪。"

假如你现在做的是自己不喜欢的事情，比如读书、不喜欢的工作，这时候，请把今天的努力映射到明天可能得到的回报上，请把注意力放在你可能得到的奖赏上。这时候，你的努力，就会得到相应的激励和动力。倘若这种联系不能让你感到兴奋，或者你根本无法把今天的努力与明天的成功建立联系，我会建议你不妨寻找新的机遇。

做最优秀的自己

你所在的班级有30个人，你的成绩最好，于是很多人都认为你是最优秀的，因为你超过了其他29个人；和你一起入职的5个人中，你的表现最出色，于是你也开始认为自己是最优秀的，因为你超过了其他4个人。可是，你真的是最优秀的吗？在你生活的小圈子里，也许你是表现最出众的，但那往往是因为你所在的天地太狭小。更何况，第一只有一个，很多人都不能成为自己所在圈子中最优秀的那个，只是不被人注意的普通人。

有一次，一个名叫尼尔的年轻人向我抱怨自己得不到赏识和重用。得知他刚刚开始工作之后，我问他："我知道你一定认为自己是特别的、优秀的，所以，我想，你应该不愿意选择成为普通人吧？"

他愣了一下，问我："你是怎么定义普通人的？"

我给了他一个无比简单的回答："所谓普通人，就是总跟其他人做同样事情的人。"

他不说话了,仿佛在思考自己到底是不是一个普通人。

我接着问他:"那么,你现在做的事情,有哪些是普通人做不到的呢?换句话说,你做的事情,是不是比其他人做得更好呢?你有无可替代性吗?"

这些问题并不客气,因为我对抱怨的人向来没有太多同情,除了他自己,没有人可以帮他达成目标。然而,接下来他反而有了更多抱怨,说自己在工作上投入了比其他同事更多的精力,自己比很多人更有责任感。

我静静地听着没有打断。最后,他说:"没错,你说得没错,我就是一个普通人。我做的事情,同事都能做到。别人不会做的事情,我也不会做。"

我点点头,告诉他:"没关系,这不是什么值得羞耻的事情,这个世界上绝大多数人都是普通人,大家只会做其他所有人都会做的事情,他们做事情循规蹈矩,只会按标准的职业流程办事,不会早起或是熬夜去实践他们的梦想……但是,假如你不想做普通人,就必须选择超越普通人的做法,选择追求更出众的自我。"

在我看来,真正最优秀的你,是尽自己所能挖掘自己的潜力,是永远都不满足于已经拥有的成就,眼光只会盯着自己的梦想与目标的你。最优秀的你,不是与别人比较出来的,而是努力成为最好的自己,在这个过程中不知不觉出众。

我丝毫不怀疑,你们中的很多人都有着伟大的梦想,你们中的一些人也真的会对这个世界产生重大影响。只是,在你们踏上征程之际,我想告诉你们,不管多么伟大的梦想,你都可以先从自己做起,从成为最优秀的自己做起。

正如一位安葬于西敏寺的英国主教的墓志铭所说的那样:

"我年少时意气风发,踌躇满志,曾梦想要改变世界,但当我年事渐长,阅历增多,我发觉自己无力改变世界,于是我缩小了范围,决定先改变我的国家。但这个目标还是太大，我发觉自己还是没有这个能力。接着我步入了中年，无奈之余，我将改变的对象锁定在最亲密的家人身上。但上天还是不从人愿，他们个个还是维持原样。当我垂垂老矣，我终于顿悟了一些事：我应该先改变自己，用以身作则的方式影响家人。若我能先当家人的榜样，也许下一步就能改善我的国家，将来我甚至可以改造整个世界，谁知道呢？"

不要以为从自己做起就很容易，别忘了，我们强调的是"最优秀"的自己。这意味着，你不仅要坚守自我，更要在此基础上不断进取，一点一点地进步，从而做好自己。

我有一位朋友，他有一个在别人看来非常古怪的癖好，喜欢带自己的孩子参加各种葬礼。我曾问过他为什么要这样做，他的答案是："我要让孩子听听，在我们死后，别人是怎样给我们的一生下定论的。我会让他不得不思考，自己想要怎样的人生，怎样做才能让自己拥有更精彩的人生，成就最优秀的自己。"

他的做法并不难理解，虽然我们大多数人不会这么做。不过不知道是不是因为从小没有一个这样的爸爸给我们这样的教育，很多人都不能清晰地意识到这一点：在这短暂的一生中，我们要时时刻刻根据自己所处的环境和地位塑造最佳的自己。

尽管我主张人生的终极追求是幸福和安宁，但我绝对不会认为你应该对当前的现状感到满足，尤其是当你们处于精力充沛的青少年阶段，更不应该安于现状，不应该甘心自己总是停留在一个水平。

精彩的人生，应该是一辈子都生活在对自己的挑战和不断进取当中，应该是总想着要去改变一些东西，总想着让自己的表现惊讶到自己，总想着看看最优秀的自己是什么模样。于是，事情会变得像爱默生所说的那样："人的一生如他一天中所设想的那样，怎样想象，怎样期待，就有怎样的人生。"

和时间来一场赛跑

和时间赛跑，我们有可能会赢吗？没可能。人永远也跑不过时间。

相信我，这不是在故弄玄虚。你知道，我也知道，所有在时间里的事物，都永远跑不过时间，都永远不会再回来。刚刚过去的那1秒，过去了就变成过去，你永远不可能回到上1秒。我们的时间不仅短暂有限，而且是稍纵即逝的。与这样的时间赛跑，我们怎么有可能会赢？

只是，和时间赛跑这件事，输赢并不重要。虽然我们跑不过时间，却可以在自己拥有的时间里快跑几步。尽管那几步看起来微不足道，没什么作用。实际上，哪怕比你原来的步伐快上一步，你都会有收获。

举个最简单的例子。比如，原来你需要花2天时间完成的作业，你在1天之内完成了，剩下的1天时间，你可以读几页自己喜欢的书，踢一场酣畅淋漓的足球等等。如果你能坚持这样做，日积月累，你会发现自己似乎赢得了更多时间，你的进步将是有目共睹的。

如果你能够认同这一点，那么，我们就可以来与时间赛跑了。

其实，或许你自己没有意识到，你正在与时间赛跑呢。那些逼迫你交作业的最后期限、爸爸妈妈的耳提面命、老板的催促责骂，都是在有意无意地逼迫你与时间赛跑。

如果你看过电影《穿普拉达的女王》(The Devil Wears Prada)，应该会对梅丽尔·斯特里普(Meryl Streep)扮演的角色印象深刻。事实上在我看来，年轻的你们正处于一生中最容易受影响、最具有可塑性、最容易定型的时期，也最需要这样一位每天都在逼着你向前跑的老板。对你们来说，她才是最有价值的人，不断督促你和时间赛跑、和惰性斗争，逼着自己为未来的辉煌打下最坚实的基础。

可是，你不一定足够不幸或者足够幸运遇上这样一位女魔头老板。这时候，你就只能依靠自己了，让自己既做教练又做运动员，在这场不可能胜出的比赛中表现出色，就像前苏联的昆虫学家柳比歇夫一样。

在很多人看来，这位昆虫学家简直就是个倒霉蛋。小时候，他没有高贵的出身和良好的教育环境，也没有表现出过人的天赋，更不是一个酷爱读书的小思想家。相反，他只是一个调皮捣蛋的孩子，因为顽皮摔断过胳膊，长大一点之后溜冰又摔伤了后脑壳。好不容易长大成人，又不幸染上了肺结核。此外，他还在祖国发生的历次政治斗争中挨过不少整。

不管怎么看，他似乎都应该像身边的大多数人一样，度过平淡庸碌的一生。但你知道，这样的故事总有一个出人意料的大逆转，柳比歇夫的故事也一样。这个活了82岁的昆虫学家，一生出版了70多部学术著作，内容涉猎遗传学、科学史、昆虫学、植物保护、进化论、哲学等等。别忘了，这可是学术著作，每一句言语都要有科学依据，都要有自己的创建。更不可思议的是，他没有像我们想象的那样废寝忘食，而是每天保持10小时左右的睡眠，还有时间长期坚持进行体育锻炼，参加娱乐活动！

他是怎么做到的呢？他的时间从哪里来呢？

秘密就是"时间统计法"，这个方法虽然没能让他跑赢时间，却跑赢了大多数人，也跑出了自己成绩惊人的一生。

具体他是这样做的：从1916年起，到他去世的1972年，这56年间，他从未间断地为自己绘制时间表，每天的各项活动，从写作、看书、读报、休息、散步、娱乐，到和子女交流情感的时间，所有的事项都历历在案，不仅每个细节都不曾遗漏，每件事情耗费的时间误差也不会超过5分钟。这种统计看似要花一些时间，然而却可以帮助柳比歇夫准确地掌控自己的时间，他会非常清楚自己每天可以用于科研工作的时间数量以及质量。

根据自己的统计数据，柳比歇夫把自己的时间分为两类：一类是精力旺盛的时刻用来进行创造性的科研工作；另一类则可以从事其他不太需要耗费脑力的活动。而且，他会认真计算自己的工作量，严格进行分配，并且努力按时完成。就这样，在强烈的自制力和近乎苛刻的时间统计下，柳比歇夫完成了自己与时间的赛跑。

不知道你听了这位科学家的故事之后作何感想，我的感受是，我们自己的处境怎样，绝不是与自己的打算无关。我们必须在强烈上进心的驱使下，认真思考自己具体想要什么，并且做出计划，赢得时间。否则，我们的人生很有可能一事无成。

只可惜，有太多的人总是执迷不悟，直到某一场重大的危机彻底颠覆了他们的生活，比如被炒鱿鱼，他们才会被迫做出和时间赛跑的决定。但是，真的非要等到那一天吗？你可以有更好的选择，比如，从现在开始。

你的效率决定成就

有人曾半开玩笑地说，假如给我 1000 年的寿命，我也一定能取得比尔·盖茨或者巴菲特的成就。我相信这是真的，但可惜，目前来看，我们谁也不会拥有千年的寿命。虽然理论上在某个相同时期内，我们每个人都拥有相等的时间，但倘若你能提高自己做事的效率，也就意味着可以比别人完成更多事情，也就相当于拥有了更多时间。当我们拥有了比别人更多的时间，也就意味着拥有了在竞争中胜出的强烈优势。

那么，怎样才能提高自己的效率呢？

这个问题的答案因人而异。我相信你们都追求个性，而且每个人都有自己偏爱的做事方法，这些方法本身没有对错之分，但在效率上可能是有差别的。至于它具体表现在哪些方面，你似乎只能问自己。不过，特殊中也蕴含着一般，根据我多年来的观察，我们在效率方面，往往会掉入下面三个陷阱。

瞎忙。没有明确的目标，不知道自己到底想要什么，应该做什么，白白浪费很多力气。

乱忙。做事情找不到重点，不会科学安排和统筹，于是屡屡在忙碌中陷入疲惫和失望。

白忙。如果客观条件没有发生变化，同一种方法尝试3次之后依然无效，就应该考虑更换思路和方法了。倘若依然锲而不舍地尝试，很多时候，都只是浪费时间而已。

我身边有太多人，习惯了忙碌，却忘了一件最重要的事——对工作进行价值判断。有时候，你投入了大量时间精力，最后才发现那是所谓的"垃圾工作"。于是，你不仅耗费了精力，更错失了这些时间原本可以给你带来的收获。还有更多人，则是做事方法有问题，他们没有意识到自己尚需改进的执行能力已经给自己带来了很多麻烦，就像马丁一样。

从哈佛商学院毕业后，我的朋友安东尼来到一家金融投资公司工作。还不满2年，他就升任为部门经理。和他一起进入公司的，还有另一位名叫马丁的年轻人，他的境遇就迥然不同了，非但没有升职，还经常因为不能按时完成工作而遭到批评。

有一次，当新就职的安东尼也指责马丁工作不力时，他愤愤不平地抱怨："我认为这不是我的错。你哪里知道我的工作任务都多重？往往你下班时，我都还在加班。我负责的这部分工作太繁重了，每天一到公司就埋头苦干，经常是忙得焦头烂额，连水都忘了喝。我不但经常主动加班，甚至回到家、躺在床上都还想着工作的事。你说我工作不力，可是每天都有那么多文件要看，我怎么可能及时看完并且妥善处理呢？"

听完他的抱怨，安东尼说："这样吧，请你抽出10分钟宝贵的工作时间，了解我的工作情形。"于是，安东尼不再理会马丁，让他在自己的办公室安静观察。马丁看到，安东尼仔细阅读了手头的一份文件，眉头蹙起考虑了一下，然后带着果决的表情签署了文件。有电话打进来，他没有过分的寒暄，直截了当地当即给出了工作指示。秘书进来送文件让他过目，他会把手头上的那份看完之后，才接过新的文件，并且迅速给出建议。

马丁开始拿观察到的这些和自己的工作方式进行对比，他发现，自己和安东尼最大的区别在于，安东尼会迅速把手头的事情解决掉，不会让文件在办公桌上堆积如山。而马丁自己虽然也始终在忙碌，可是看文件的速度不够快，而且做决定花的时间太长。还经常会重复劳动，做一些无用功。比如，接手一项新任务时，不管它是否紧急，也不管自己原本的工作是否进行到一半，总是喜欢先去看看新任务，然后再重新花时间继续原来的工作……反省完之后，马丁对安东尼说："谢谢你教给我这些，我想以后不会抱怨自己工作太多太忙了。"

除了这一点之外，安东尼也教给我很多关于提高效率的方法，在这里我拿出来跟大家一起分享。

每天睡前，你可以列出自己第二天需要做的事项，然后按照重要程度给它们排序。第二天开始的时候，按照优先级别开始做事，并且不要被干扰，等一件事情做完再开始着手另一件。只要你确保正在做的事情是这一天中最重要的，就不要担心它花费你太多时间。

每天至少给自己半小时安静地思考。最好在早晨刚起床的时候留给自己半小时到 1 小时的时间来思考，这部分时间绝对不是浪费，你可以不受干扰地梳理、反思、总结自己当天的工作内容，或者脑海中闪现出创意的小火花，坚持下去必然会有收获。

尽量在一开始就认真地把事情做好，这样你才不需要重复劳动、耗费不必要的时间。

严格控制打电话的时间。如果你把很多时间花在和同学、朋友煲电话粥上，很快你就会发现没有足够的时间处理自己的事情，更不要提为未来进行积累。

把同一类的事情放在一起做。我们都知道，流水作业的确可以提高效率，所以当你重复去做同一件事情，就会熟能生巧，效率也一定会随之得到提高。

每天结束的时候，详细记录下当天都做了哪些事情，每件事情花了多少时间。一段时间之后总结出自己浪费时间的根源，以及改进的方法。

年轻，就可以浪费时光吗

我知道很多年轻人都会说，我这么年轻，有的是大把的时间。的确，这么说没错，时间是最宝贵的财富。可问题在于，拥有这笔财富的年轻人往往无法看到这笔财富的价值。而且，总这么想是很危险的，你会在不知不觉中浪费掉太多的时间。很快你就会发现，时间怎么过得这么快，自己怎么连时间也没有了，真的变得一无所有。

假如你真的认为年轻的自己有的是时间，那么我们来做一个游戏，请准备一张长条纸，毫无疑问，你的生命在 0 ~ 100 岁之间，所以用笔把长纸条划分成 10 等份（刚好每等份代表生命中的 10 年，按顺序分别写上 10、20、30 等，最左边和最右边分别写上"生"和"死"字）。

然后，写出你现在的年龄。根据现在的年龄，把已经过去的时间撕掉。注意，是一点点撕碎。

接下来，想想你愿意活到多少岁，当然，在这个游戏中，我们设定的最大年龄是 100 岁。不过假如你不愿意活太久或者认为自己不可能活到 100 岁，就在纸条上把自己想要活到的年龄之后的部分撕碎。

然后，你愿意在多少岁的时候能够退休？请把退休年龄之后的纸条撕下来，但不必撕碎。这时候，你可以看到自己的工作时间大约有多长。

在你的工作时间内，你打算怎样分配每天的24小时？通常睡觉要占据1/3。吃饭、聊天、娱乐、休息、看电视等又占去1/3。真正可以用来工作产生效益的时间就只剩下大约8小时，也就是一天的1/3。所以，把手中的纸条再撕掉2/3。

现在，你可以一只手拿起剩下的1/3那段纸条，再用另一只手拿起刚刚撕掉的2/3以及退休之后的那一段纸条，对比一下两者的长度差别。你要告诉自己：我需要用这只手上1/3的工作时间赚到的财富来为另一只手上2/3的吃喝玩乐以及退休后的生活提供保障。

最后，你可以算算，自己需要赚到多少财富才能养活自己。而且，这还只是关于你自己，你的父母、子女、配偶呢？算上他们，你需要在那1/3的工作时间内赚得多少财富？

做完这个游戏的时候，我感觉到了震撼人心的力量。你呢？现在，你还认为自己足够年轻可以肆无忌惮地浪费时间吗？

著名心理学家加利·巴福博士曾经说过："再也没有比即将失去更能激励我们珍惜现有生活的了。一旦觉察到我们的时间有限，就不再会愿意过'原来'的那种日子，而想活出真正的自己。这就意味着我们转向了曾经梦想的目标，修复或是结束一种关系，将一种新的意义带入我们的生活。"做完这个游戏，你会这样做吗？

在中国有句俗语说："宁负白头翁，莫欺少年穷。"在中国这个以敬老尊贤为美德的国度，居然有这样一句俗谚，可见人们对年轻人的重视。之所以对他们如此看重，当然是因为他们的人生有无数种可能，极有可能有辉煌的成就。但也仅仅是有可能性而已，灿烂的未来是需要我们拿出时间和努力来交换的。倘若你把大把美好的时光用来玩乐，当你意识到问题的严重性时，已经太晚了。

成功学家拿破仑·希尔曾经说过："天下最悲哀的一句话就是，我当时真应该那么做却没有那么做。"年轻的你们，可能会听到很多人说"如果我当初怎样，现在早就怎样了"，谁都知道这样的话是完全没有意义的。你一定很清楚，种下什么种子，就会收获什么果实。我们今天的处境，是昨天行为的结果。同样，我们的明天在哪里，取决于今天你做了些什么。

也许你会说，我没有刻意浪费时间啊。是的，你没有刻意，只是在无意识地浪费时间：你走了一条要多花 10 分钟的远路；你停下脚步观看街边的行人吵闹；你花大量时间跟同学朋友闲聊明星八卦；你接听了一通又一通完全没必要接听的电话；你因为不好意思走开而花上半天的时间听别人抱怨……时间就这样被你不知不觉浪费掉了。

也许你会说，人生并不一定在年轻时就被决定了。我可以等到三四十岁，心智和人生经验都成熟的时候再去创建事业。的确，没有人能否认这种可能性。但一般来说，三四十岁正是你人生中最脆弱的时候，若无意外，你已经有了家庭，需要养家糊口，而你的体力和精力却都在走下坡路。这时候，你已经不可能像现在那样毫无牵挂地奋力拼搏，因此很难有出色的成绩。这也就是为什么年轻的时光尤其不可浪费，因为我认为，把这一生最重要的难题放在人生体力和精力最好的时候解决比较好。

想要拥有一个没有遗憾，没有后悔的人生，想要拥有一个精彩的人生，我们必须要在有限的时间里，给生命赋予更多价值和色彩。对未来有怎样的期许，你就需要在今天付出相应的努力。而你今天所受的苦全都不会白费，这一切终将累积起来，引领你到达自己应得的未来。

为成功加快脚步吧

在这个竞争激烈的时代，人们功成名就越来越趋于低龄化，有人二十多岁就已经成为亿万富翁，有人 19 岁就成为英国议员。

想想看，20 岁左右的你，在做什么呢？你是平庸者中的一员吗？也许你会告诉自己，这没什么，大部分人不都是这么过的吗？的确，大部分人都喜欢这样做。可是，你甘心成为大部分人中毫不起眼的一个吗？成功者往往是少数人，因为大部分人的观念和行为，往往不是离成功最近的路径。假如你有自己的野心和抱负，那么，请你为生命加快脚步。

外出旅行的时候，我从不反对在沿途停下来看风景。但人生毕竟不是出门度假，在需要拼搏的时候迈着悠闲惬意的步伐并不合适。因为，在生命结束的时候，绝大多数人都会遗憾自己有太多事情没做，有太多梦想没来得及实现。

谁应该为此承担责任呢？当然只能是我们自己。用波士顿顾问公司的副总裁史塔克的话来说，我们今天"新的竞争优势将来自于有效的'时间管理'。不论在技术突破、生产、新产品开发、销售与渠道方面的时间都要不断缩短。"当别人用缩短时间来增加自己的竞争优势时，如果你不肯加快脚步，就已经处于劣势了。而成功所需的资源有限，处于劣势者怎么可能获取足够资源来实现梦想呢？

这个道理，我在哈佛读书时就已经明白了：没有时间观念的人，很难在竞争激烈的环境中站得住脚。因此，我是个时间观念非常强的人，同时也希望身边的人都能做到这一点。我的妻子是在哈佛时的校友，这一点她也一直做得不错，直到大女儿开始上幼儿园时，问题出现了——女儿经常迟到，虽然每次都只有两三分钟。

这当然不能怪孩子，她才 3 岁，时间完全是由妻子安排的，经常迟到的原因自然一定要归咎于妻子。我不想让女儿在人生之初就养成这样的坏习惯，打算跟妻子谈谈。她说对此表示非常抱歉，但我能看出来，她并没有太多歉意，有的反而是怨意。于是，我诚恳而且耐心地问她，是否有什么原因，我是否能够帮忙。

她告诉我："你知道，我本来是个讨厌迟到的人，一直都把自己的时间安排得有条不紊，甚至精确到分钟。可是我们的宝贝似乎不大配合。我把她吃早餐、洗漱、上厕所的时间都计算好了，也在路上留出了充足时间。可是，每当要出门的时候，总会出现突发状况。我知道这不应该怪她，自己应该留出一部分时间备用，可突发状况不是每天都有，我又做不到提前出门，让时间在等待中白白浪费掉。对此我也很焦虑。"

我想了想，问她："你是不是看到某一项日程没到你计划好的时间，就心生抗拒不愿意开始？我猜，假如女儿提前洗漱完，还没到早餐时间，你也不会给她开饭。对吗？"

"是的，我不认为这有什么不妥。"妻子似乎对我的问题有点不悦。

"亲爱的，没有什么不妥，我只是想给你一个建议，把客厅的钟表拨快5分钟。你愿意试试看吗？"她想了想，答应了。

故事的结局你一定已经猜到了，女儿从此没有再迟到过。后来，当我和妻子就这一问题进行讨论时，达成的共识是：我们的时间概念是被钟表左右的，虽然意识到钟表上的时间是提前的，但当眼睛看到的时间刺激潜意识时，在自己无意识的情况下就会产生紧迫感，不自觉加快脚步。

这种方法除了对我妻子这种严格遵循时间表的人有用，对缺乏时间观念的人更有用。我建议不太有时间观念的人都来尝试一下，把自己的手表拨快5~10分钟，让这个错误的时间向我们传达出这样的信息：快要来不及了，快点。从而达到让我们为生命、为成功加快脚步的目的。

第二章 没有人能代替你成长

这个世界上生活着数十亿人,然而看起来似乎只是一小部分人的舞台。打开电视听到的是他们的消息,打开电脑看到的是他们的消息,社交场合大家谈论的也都是他们……不要觉得不公平,你的目标,就是成长为这样的人,不是吗?可是,想要成长为这样的人,你只能靠自己。别人为你提供的最多只可能是平台,所有的表演,全都要靠你自己。这个世界不会等待你成长,也没有人能代替你成长,你只能自己一边消化疼痛,一边努力生长。

成功的前提是成长

首先我想跟大家谈谈"成长"这个概念。因为一个九年级的学生曾经问我:"难道我能拒绝成长吗?我又不是彼得·潘,必然会成长的。"

没错,我们活着的每1秒,都会比上1秒变得更加衰老,似乎根本无需我们努力就必然要成长。那么,假设你在18岁的时候倒头睡了1年,1年之后,你长大了1岁,变成19岁。在这1年中,你成长了吗?没有。所以,成长和生长是两个完全不同的概念,就像成熟和变老是两个概念一样。因此,并不是每一个正在生长的人都在经历成长。

那么究竟什么是成长呢?它不仅是一种经历,更是在经历中学习、进步,变得更加成熟、理性、宽容的过程。正因为有这些内涵,成长才与成功关系密切。

只可惜,身体的成长是不容抗拒的,心理的成长则不然。有些人到了60岁,依然是20岁的心智。而且,同样是心理上的成长,有些人是主动选择的,有些人则是被动接受。主动选择的人会在风浪到来之前做好准备站稳脚跟,被动接受的人则只能在痛苦煎熬中不得不学习经验教训。这种成长上的差别,也就带来了不同的人生——有些人成功,有些人平庸。

一次演讲后,有个年轻人找到我,虽然已经工作半年了,满脸雀斑的他还难掩学生的青涩与稚嫩。他语速很快地向我倾诉了自己的愤怒,主要内容是关于上司和同事如何奸诈,让自己干最多的活却拿最少的报酬。最后他总结说:"我本来对工作满腔热情,也在不断努力寻找新的创意,可是如果一直这样下去,我害怕自己会为了不让他们侵吞我的成果而拒绝努力。"

我给他讲了一个著名的关于苹果树的故事:"有一棵苹果树,结的果子又大又红,人人都想要。第1年,它结了10个苹果,被人拿走了9个,自己只剩下1个。于是苹果树很生气,它愤愤不平地自断经脉,不再生长,不再结果,这样那些可耻的人类就不能再夺走自己的果实了。可是,不再成长也不会结果的苹果树,很快失去了自己的价值。"

看了他一眼,我接着说:"但是,它也可以做出这样的选择。第2年它继续结果,并且比第1年多。比如,它结了100个苹果,被人拿走90个,自己剩下10个。至少,它自己得到的比去年多了,不是吗?即便被人拿走了99个,也没关系。第3年,它可以继续生长,结1000个果子。重要的不是被人拿走多少自己留下多少,重要的是你要一直成长,让自己变成一棵有价值的、成功的苹果树。"

他依然懊恼地说:"我就是一棵苹果树,正在被人窃取果实。我所得到的,与我的期望值、与我应得的相差很远。"

我没有反对他的说法,而是接下去:"所以,你也想像苹果树一样自断经脉,拒绝成长,让自己的付出与收获相匹配是吗?苹果树结0个果子,也就得到了0个果子。那么几年之后你会发现,自己变成了一个平庸的无用之人。所以,不要拒绝成长为果实累累的苹果树,哪怕在此过程中你会失去很多果实,但你拥有的能力是别人夺不走的。"

我想,很多年轻人都曾经有过类似想法吧。那时候的我们,太看重眼前的得失,忘记了人生原本是一个整体,我们历经的每一段都只是过程,都会对后来的结果产生影响。我们经历的所有付出和成长,都是送给未来的一份礼物。

虽然有时候看起来你没有进步,但在等待中坚守也是一种值得称赞的状态。就像屠格涅夫所说的那样:"等待的方式有两种,一种是什么事也不做地空等,另一种是一边等、一边把事情向前推动。"用心并且尽力,你就在一点一滴地成长。

曾经担任美国最高法院的大法官霍尔姆斯说过这样一段话，"当你迅速往前走时，过去的一切都将留在后面，不管是美好的成就，还是让人懊恼的失误，然后，你就可以迅速到达下一个目标，等你到达下一个目标之后就要抓紧时间重新开始。如果我和同伴一起行走，那我必须让他和我保持同样的速度，否则大家就会一起效率低下，当大家互相督促的时候，无论干什么事情都会保持较高的效率，这样就不会错过任何成功的机会。"

不浪费一丝一毫成长的契机，这样，成功就不远了吧。让我们有生之年的每一天，不是在逐渐变老，而是在成长得更为成熟；不仅仅是在生长，更是在不断成长。

思考是强大的第一步

帕斯卡尔的《人是能够思想的芦苇》给过我很大影响，他在文中说："人只不过是一根芦苇，是自然界最脆弱的东西；但他是一根能思想的芦苇。用不着整个宇宙都拿起武器来才能毁灭；一口气、一滴水就足以致他死命了。然而，纵使宇宙毁灭了他，人却仍然要比致他于死命的东西更高贵得多；因为他知道自己要死亡，以及宇宙对他所具有的优势，而宇宙对此却是一无所知。因而，我们全部的尊严就在于思想。"

根据他的说法，人类之所以高贵，之所以伟大，是因为他们拥有思考的能力，拥有思想。所以，每当我想要偷懒逃避，冒出"不想那么多"的念头时，都会问自己：我们是因为受到上天的格外垂青才拥有了思考的能力，你打算丢弃它吗？

一直以来，在世界范围内，美国孩子的思考能力都是出众的。只是我发现，网络让一部分年轻人的思考能力越来越差。由于互联网上充斥着海量信息和各种吸引人的文字、影像资料，于是很多人花费大量时间浏览网页、在社交网站上更新状态，留给自己思考的时间越来越少。

我绝对不会否认互联网给我们生活带来的巨大便利，只是想强调，对各种信息应接不暇之余，耳边充斥各种声音之时，一定要留出足够的时间多多思考。我们要用自己的眼睛去观察，用自己的头脑去判断，而不是让自己淹没在众人之中。

人生刚刚开始的你，一定是渴望成功的，或许你会找来很多名人故事阅读。只是，盖茨、巴菲特、扎克伯格等人的成功，可以让我们领会到哪些品质对成功有价值。但他们的成功是不可复制的。想要成长，想要成功，我们必须自己独立思考，多想一点，想远一点。

假如你认为自己不是一个不肯思考的人，那么让我来问你一个问题吧，假如你的某位同学或朋友患了某种罕见疾病需要医药费，你能怎么帮他？

当然，你可以去卖女童子军饼干，可以去打工赚钱，也可以帮他募捐，甚至向父母求助。但除此之外呢，你还能想到别的更有效的方法吗？

故事发生在6岁的迪兰和7岁的乔纳身上。乔纳患上了一种名叫GSD（第一型肝醣储积症）的罕见疾病，平均100万人中会有1个人患上此病。作为乔纳的好友，迪兰决定帮他筹集医药费。虽然他只有6岁，也知道，医药费不是一笔小数目。

因此，当爸爸妈妈建议他举办一个烘培义卖会或柠檬水义卖站来募款时，迪兰拒绝了。他想出了更好的点子：出版一本关于他们最喜欢的巧克力棒的画册。很快，迪兰就把一本名叫《So chocolate Bar》的画册放在了父母手里，请他们帮忙复印。画册的主角是巧克力棒，故事则是迪兰和乔纳最喜欢做的事，比如去海边玩等。迪兰的父母请人帮忙印制了200本画册举行义卖，还找到了一些巧克力棒厂商赞助。他们没想到，这本充满童趣和真爱的感人画册在几个小时内就销售一空，他们筹集到了 6000 美元。很快，这个数字就突破了 10 万美元。

后来，这两个小男孩和亲友一起，制作了一个简单的网站 Chocolatebarbook.com，打开它，你可以看到两个可爱男孩的照片、他们的募捐故事以及如何捐款等。这个故事引起了越来越多人的注意，也开始被媒体报道，他们募集到的款项也越来越多，不仅可以帮助乔纳，还可以帮助像乔纳一样的患儿。

这个小男孩真是超级棒。我们欣赏的，除了真挚的感情之外，还有他的创意和努力。他没有采用爸爸妈妈建议的常规方法，自己想出了点子。我猜，这不是因为他智商更高或者更有爱心，而是他喜欢或者习惯了动脑筋，所以才可以在小小的年龄做出大大的成绩。

假如这个故事的主角换作是你，你能想出更棒的点子吗？你的思想能给自己带来多强的力量？任何时候，人类的体力差距都是有限的，但思想的差距，却没有人可以限制。

回到我们自己身上，如果你需要我的建议，那么我希望你多想想自己这一生到底想要什么。假如这个问题过大，你可以把它分解成这样：5 年之后，我希望自己在做什么？ 10 年之后，我希望自己处在什么位置？ 20 年之后，我希望拥有怎样的成就？生命即将结束的时候，完成了哪些事情我才不会遗憾？

不要以为你的回答只是虚无缥缈的愿望。倘若能够想明白这些问题，你就可以为自己的人生进行良好规划，你会更清楚自己应该朝怎样的方向生长。假如你自己都想不明白自己最希望走到哪里，又怎能要求别人帮你到达目的地呢？

从你清清楚楚地知道自己想要什么，到今天的作业应该怎样完成，我们所遇到的每一件事情，思考了再去做，和不管不顾就闷头去做，结果极有可能是天壤之别。

对每一个人来说，学会独立思考都是强大的第一步。那么，年轻的你，每天会用多少时间来思考？

不要再痴迷于游戏了

我遇到不少年轻人，带着一副无所谓的样子说："年轻就是要玩耍，干吗要玩命。"可能他们忘了，上帝是公平的，人生终究会达到一种相对的平衡。如果你在年轻时尽情玩耍，很可能要在年老时不得不玩命。你打算怎样选择呢？

我并不否认，某些游戏可以提高你的思考敏捷度、提高大脑的反应能力。而且，玩游戏可以让你得到一时的满足和快感，可以释放你过大的生活压力，还可以帮你消磨"漫长"的青春时光，它可以帮你减少在现实生活中的挫败感，可以满足你拯救世界的英雄主义情结。甚至那些暴力、血腥的场面可以调动起你人性中的征服欲。但是，我们从游戏中得到的种种成就感和满足感，全都是美好的幻象。

想要玩游戏，就去玩好人生这场大游戏。除了网络游戏，你有更多更好的选择，不要让虚拟世界替代了你的真实生活。

其实，不止是青少年喜欢游戏，很多成年人甚至老人也对游戏情有独钟。我家附近的超市，有一个叫雷蒙的理货员。和他熟悉了之后，得知年龄一大把的他酷爱玩游戏，我曾认真跟他交流过原因。

他很干脆地告诉我："因为游戏的世界很公平也很简单，只要付出就有回报。然而现实呢，我这一生一直在拼死拼活地努力奋斗，但命运回报我的是什么呢？"

我想了想回答他："也许生活给我们的回报，有一些是不能直接、切实看到的。它不像游戏一样，给我们的是即刻的那种满足，而会用长长的一段时间为你准备成就感。电脑屏幕上那些骄人的战绩和显赫的位置，终究只是虚幻的，而我们是生活在真切的现实中的。"

他摇摇头，"我不管那些，我只知道，玩游戏可以让我更快乐，它是我在这个无趣的世界上少有的快乐来源。"

我想自己明白他是什么意思。的确，在现实生活中，想要有收获，我们需要付出特别特别多的努力，这个过程相当漫长而且辛苦。更何况并不是你努力了就会有收获呢。所以，渴望回报、渴望奖励的我们开始选择逃避。我们逃避不公平的世界，逃避残酷的现实，逃避自己的不满，逃避应尽的责任……而这些，游戏都可以很好地满足我们的需求，它高效且直接地提供成就感，比学习、工作能提供的成就感要多太多了。于是，玩游戏变成了逃避生活的一种绝佳途径。只要我们不喜欢学习、不喜欢工作、不喜欢自己目前的生活、不喜欢自己需要做的事情，就有可能用玩游戏来逃避。

老实说，我不认为年轻人玩游戏会毁了这个世界，但毫无疑问，假如你在玩游戏的同时，伴随着时间观念的丧失，伴随着对吃饭、睡觉、上厕所等基本生理需求的忽视。那么，是时候反省一下自己对游戏的极度沉迷了。你应该知道，沉迷在游戏中，对你的人生发展来说是弊大于利的。不过，从某种程度上来说，对游戏的痴迷也是一种特定的专注。假如我们可以把这种专注转移到更有建设性的事件上，一定会有大家都乐于见到的结果。

喜欢玩游戏的年轻人，很多人也喜欢碧昂斯，或许你会认为她天生面容姣好、身材火辣、嗓音迷人，所以才会有今天的成就。可是你们知道吗？当你不眠不休地玩游戏时，她在不眠不休地做音乐。她曾经因为过于用心过于专注地工作，忘了自己3天没吃饭！

喜欢玩游戏的你们，很多人也喜欢50 cent。那么你是否知道他为自己今天拥有的一切付出了多少吗？有人曾问他："50 cent，你什么时候睡觉呢？"50 cent 说："睡觉？只有破产的人才睡觉！我不睡觉，因为我现在有了一个实现梦想的机会！"

你可以在游戏的世界里纵横驰骋，得到极大的满足感。然而当回到残酷的现实世界中时，迎接你的只会是更加迷茫而无助，因为当你在虚拟世界中享受快感时，现实世界中无数的年轻人正在像碧昂斯和50 cent 一样拼搏，他们会把你远远抛在身后。

所以，问问自己：我渴望成功吗？

你当然可以做任何自己想做的事，包括玩游戏。可是假如你真的想要成功，想要一个足够精彩的人生，就要去狠狠逼自己一把。这时候，你需要告诉自己，这个世界上还有更重要的事。

责任是成熟的标志

在人类的童年时代，我们的祖先还在伊甸园里的时候，上帝发现亚当偷吃禁果，当时，他把责任推到了夏娃身上。接下来，夏娃又把责任推到蛇身上，说是受到蛇的诱骗。显然，人类的这两位祖先都不肯负责任，都不够成熟。

不知道是不是因为这个原因，从人类的童年时代开始这种不成熟就明显表现出来，"是他（她）叫我干的""这不怪我"……此类的话语没人专门去教，但小孩子都掌握得非常好。而这种不自觉的不成熟一直延续到少年时代、青年时代，甚至成年时代。

我们不愿意承担责任，因为责任总是伴随着沉重、压力、付出等一系列不那么轻松愉快的感觉。于是，自然而然，我们想要选择逃避，选择推卸责任。可是，请记得社会学家戴维斯的话："放弃了自己对社会的责任，就意味着放弃了自身在这个社会中更好地生存的机会。"

而且，当你成为一个成年人时，必然要面对一个事实：我们必须独自或者与他人共同承担某些责任。而且，你早晚会发现，越是成功，越是成熟，责任越重。同样，责任心越强，人也就越成熟，越容易得到信任，也就越容易成功。

2007年10月12日那天，哈佛校园格外受关注。那一天，是历史学家德鲁·福斯特就任哈佛大学校长的日子。哈佛大学花了1年时间挑选，最后选中了她。她不仅是哈佛大学历史上第一位女校长，也是哈佛大学第一位南方人校长，更是第一位由非哈佛毕业生担任的哈佛校长。

那一天，来自美国和世界各地大学的220位代表参加了这一仪式，远在地球另一端的中国的香港大学、北京大学、清华大学、浙江大学等也派代表出席了。成千上万的师生、校友以及波士顿的居民云集哈佛，大家作为历史的见证者，见证这一历史性的时刻。用哈佛历史学教授西德尼·维尔巴在代表教师发言时的话来说就是，"我从未见到过教师们如此团结一致，他们是来欢迎新校长德鲁·福斯特的。"

那么，这位新任女校长，何以有如此大的魅力？她是怎样让人折服的？

从就职演说中，我们也许可以得到答案。她说："在这个仪式上，我接受了我对他来自历史的声音所祈求的传统应负的责任。我也与你们大家一道，确认了我对哈佛现在和未来的责任。""我们必须要付诸行动，不仅是作为学生和教工、历史学家和计算机科学家、律师和医生、语言学家和社会学家，更是作为大学的成员，我们对这个思想共同体负有责任。"

她还说，"想要说服一个国家或是世界去尊重——不要说去支持了——那些致力于挑战社会最根本的思维设定，这很不容易。但这，恰恰就是我们的责任：我们既要去解释我们的目的，也要很好地去达到我们的目的，这就是我们这些大学在这个新的世纪生存和繁荣的价值所在。"

我们都知道，哈佛有一扇校门上写着"Enter to grow wisdom, Depart to serve better thy country and thy kind（进来增进智慧，出去更好地服务你的国家和人民）"。也许，正是这种与哈佛精神相吻合的着眼未来的责任感，这种足够成熟的姿态，让福斯特征服了一个又一个顶尖的学者。

你一定明白，我们都不是鲁滨逊，我们生活在一个高度合作、相互依存的社会里。当这个高度发达的社会带给我们物质文明的享受时，同时也要求我们每个人尽自己所能贡献智慧和力量，做一个对社会负责任的人。因此，也只有那些勇于为自己负责、为他人负责、为社会负责、为整个人类负责的人，才能成为伟大的人物。

不管你设想的未来是怎样的，只要你对自己的人生有期许，就要想象自己正处于一个登山队中，在这种情境中，你必须有高度的责任感，因为你一个人的失误不仅仅会给自己带来灭顶之灾，更会为整个团队带来极大麻烦。所以，想要有所作为，想要让其他人对你放心，你就必须让自己学会负责任、尽义务，它们才是成熟的标志，才能让你成为自我的主宰，才有可能帮你成就一番事业。

告别依赖，才有成长

在哈佛的日子里，我深切地感受到了，哈佛一直把独立思想作为其第一教育原则。早在 100 多年前，哈佛毕业生、著名哲学家和心理学家威廉·詹姆斯就曾说过："就培植自主与独立思想的苗床而言，除了哈佛大学，无出其右者。哈佛的环境不只允许、而且鼓励人们从自己的特立独行中寻求乐趣。相反的，如果有朝一日哈佛想把她的孩子塑造成单一固定的性格，那将是哈佛的末日。"至今，哈佛仍恪守这一原则，这也是哈佛之所以成为哈佛的一个重要原因。

现在，年轻的你可以问问自己：我是否遇事没有主见？是否总是愿意跟在众人后面？是不是遇到事情总要问过很多人才敢做决定？是否会经常打电话给别人诉说自己的烦恼？是否经常因为一些小挫折郁闷很久？是否自信心不够？是否生活自理能力很差？是否不太受到同龄人的欢迎？在团队合作中是否常常成为他人的拖累？面对激烈的竞争是否很容易退缩……假如你有这些表现或类似表现，是时候反省一下自己的独立性了。

德国法律中明文规定：孩子6岁之前可以只玩耍，不用做家务；6~10岁，要偶尔帮父母洗碗、扫地、买东西；10~14岁，要洗碗、扫地、剪草坪以及帮全家人擦鞋；14~16岁，要洗汽车、整理花园；16~18岁，如果是父母都上班的孩子，每周要给家里大扫除1次。如果孩子不愿意做家务，父母是有权利向法院提出申诉的。

你会不会觉得小题大做呢？德国人不怎么认为，不管是家长还是孩子，他们都清楚，这条法律的初衷是为了让孩子通过做家务，尽快学会自立、自强。他们不会担心孩子因此有负面情绪，因为基本上，只要你对孩子关爱得当，就可以给予他们安全感。与此同时，你要给他们更多独立做事的机会，这样才能让他们在自由空间中更好地成长。

我的孩子们小时候，我也会让他们干一些诸如洗碗、擦地、剪草坪的家务。不是我不够爱他们，而是不想让他们有依赖心理。依赖是分为很多种的，有精神依赖，也有物质依赖。它们一旦产生，就会牢牢掌控你，让你臣服于它们，为以后的生活带来巨大障碍。所以，即便深爱自己的孩子，为了他们的成长，我也不愿意他们对我有依赖心理。

从心理学上来看，孩子们的依赖心理大都需要父母负责。当你还是婴儿的时候，离开父母的呵护是无法生存的。这时候在你心里，父母是万能的，他们保护你、养育你、满足你的一切需要，你必须依赖他们。然而随着年岁渐渐增长，假如父母仍然试图这么对你，久而久之，你就会形成对他们的依赖心理，失去长大和自立的机会，最终任何事都需要他人帮忙做决定，从而终其一生都不能对自己的人生负责，这将是多么可怕的后果。

别人的怀抱不管多温暖，都不可能永远做你的庇护，迟早有一天，你不得不走上独立的道路，而这一天越早来临越好。不管是谁的责任，假如你在即将成年或者已经成年之后依然有依赖心理，就要自己努力克服了。

首先，你要检查自己的行为，然后列出一个清单，把自己习惯性地依赖别人去做的事与习惯自己做决定的事分列出来,每想到可以补充的条目就随时更新。2周之后,检查你的记录。将所有事情按照自主意识的强弱分为三个等级。对于自主意识较强的事,应该坚持下去;自主意识中等的事,要找出改进的方法并且逐步实现;自主意识较差的事要先在听从他人意见时加入一些自我创造色彩,然后逐步强化自主意识。

你还可以通过挑战自我来增强自己的自主意识,让自己早日告别依赖。比如,你可以每周做一件在自己看来略带冒险性质的事,可以是独自一人去附近旅行,也可以是独自去游乐场坐过山车。不管你打算做些什么,都切记坚持一条原则:一定是自己行动,没有别人的陪伴,从而也就杜绝了依赖的可能。

除了自觉独立,不再主动依赖别人之外,我们也要防止"被动依赖"的产生,假如你身边有人患有"拖累症",这种情形就很有可能出现。所谓拖累症患者,指的是那样一种人,他们看到别人有苦难,就忍不住出手帮忙,而且是毫无原则地帮助。表面上看起来,身边有这样一种人,你会特别幸福,什么都可以帮你料理,但实际上,正如美国心理学家斯考特·派克在他的著作《少有人走的路》中写到的那样,"我们不能剥夺另一个人从痛苦中受益的权利"。假如有人总是帮你背负苦难,帮你化解一切难题,那么他也就剥夺了你成长的能力。

疼痛的反面是进步

小女儿还在读七年级,有一天放学回家,她很认真地跟我说:"爸爸,我真的不想长大,我也想生活在'never land'里。"

我逗她说:"你真的希望自己永远不要长大吗?你不羡慕妈妈和姐姐的漂

亮衣服了吗？"

她一本正经地回答："可是长大要面临好多烦恼啊。"

"可是当那些烦恼再也威胁不到我们时，我们是不是变得更强大了？那些烦恼，其实是在帮我们进步呢。"

我妻子曾经很爱看一部情景剧，也许你们中也有人看过，叫《Growing Pains》（成长的烦恼），成长的确总是伴随着"pains"，但倘若你真的得到了成长，当你走过那个人生阶段时，不会觉得沉重与遗憾。那些伤痛与烦恼，正是进步的代价、成长的标志。与它们遭遇，表示你迎来了一个快速成长的时期；与它们较量，你才能收获更有力量的自己。所以，一个足够成熟的人，从来不会畏惧疼痛，更不会诅咒疼痛，因为他们深知，疼痛是上天的礼物。

是的，你没看错，疼痛是上天的礼物。假如失去痛觉，你的生命会变成怎样呢？不用施展想象力，我可以给你展示那是多么可怕的一幅图景：

有一天，一个叫阿什琳(Ashlyn)的女孩在厨房搅拌拉面，她的母亲在客厅叠衣服。突然，勺子从女孩手中滑落，掉到正在沸腾的锅中。为了捞起勺子，她把手伸到了锅里，把勺子从沸水中取出来，然后看了看自己伤痕累累的手，把它放在冷水下冲洗。这时候，她像是突然想起来什么似的，叫喊母亲，"我刚才把手放在开水里了！"母亲急匆匆地冲过来为她处理伤口。

类似的场景，在这个名叫阿什琳的女孩身上不断上演。因为她感觉不到疼痛。于是，她会把手伸进开水锅里，会用温度极高的熨斗烫头发，甚至把自己手掌的皮肉点燃，她会试图穿过正在燃烧的火堆，切到手时她也不懂得马上停止动作……总而言之，我们感觉到疼痛时会选择退缩，而她的身体虽然能够感知冷暖，但是因为无法感知疼痛，所以不能在伤害来临时采取有效措施保护自己。

虽然在学校，这个女孩被同学称为超人。但是所有大人都清楚，这是多么可怕的一件事，她会因为不能感知疼痛从而不断伤害自己。很多患有此类病症的孩子，早早就夭折了。

所以，虽然看起来疼痛是一份没有人想要的礼物，是一份我们不得不接受的礼物，但却是无比重要的礼物。不管是生理上还是心理上的疼痛，都是生命之必需。因为那些让我们不愉快的感觉，正是生命保护自己的重要机制。如果带着审视的心理和爱来看待疼痛，它一定会成为丰厚的礼物。

比如，身体的痛让你知道了这样做对身体不好，你会明白有些事情最好不要做，才能更好地保护自己。心里的痛让你知道自己内心真实的想法，让我们看到内心的脆弱，并且在以后的日子里更好地保护它。如果说痛的根源是压抑，那么，痛的痊愈就在于释放。不管是身体还是心灵的伤痛，让它释放出来，感受它，了解它，然后，转化它。在这个过程中，你会发现不知不觉中自己积累了更多能量，获得了更多进步。

不知道你有没有看过达·芬奇的一幅素描，画作的名字是《快乐与疼痛的寓言》。在这幅画中出现的是一个男子的形象，他从腹部被分为两部分，腹部以下是一体的，而腹部以上则有两个躯干，两个有胡须的头和四只胳膊，很像一对双胞胎。对于这幅诡异的画，达·芬奇是这样解释的："快乐与疼痛有如一对双胞胎，它们被紧紧束在一起，没有其中一个，就不会有另一个，它们彼此完全对应。它们之所以由同一躯干而生，是因为它们有共同的躯干和基础。这个基础对于快乐而言，意味着快乐伴随疼痛而分娩；对于疼痛而言，意味着徒劳无益的快乐。"如大师所说,让我们产生疼痛的根源，同样也可以产生喜悦。而这种喜悦，就包括看着自己成长、进步的快乐。

或许，这个世界上并没有所谓的公平，但这个世界一定有所谓的平衡。我们的人生也一样，它终究会趋于平衡。倘若你在年轻的时候感知疼痛，从中汲取力量，就能获得更多处理问题的经验和能力，让自己拥有较为顺利的人生。倘若年轻的你逃避疼痛，拒绝成长，那么眼前看似平顺的日子背后，暗藏着以后的波涛汹涌。你愿意如何选择呢？

假如今天的你感觉到了疼痛，不要害怕，它或许不那么让你舒服，但一定会对你有用的。总有一天，你会感谢它带给你的勇气和力量，以及应对这个世界的技巧。

别人无法永远**推动**你前进

关于成长、关于前进，如果要做一个最简单的区分，那一定是主动前进和被动前进。虽然看似都在前进，但两者的差别不言而喻。一个是被迫的、无奈的、不情愿的，一个是迫切的、主动的、心甘情愿的，结果当然也就千差万别了。

看起来再简单不过的道理，可是，你千万不要不明白，也不要明白得太晚。

有一次在朋友家里听到了一段对话。当时，朋友的女儿接到一通电话，她的一位好朋友因为钢琴成绩优异，被一所著名大学录取了。

朋友的女儿接完电话，回过头来质问父亲，"你当初为什么不让我学钢琴呢？"

朋友觉得很委屈："当初我让你学钢琴，还给你请了专门的教师，但你又哭又闹，死活不肯学。后来虽然逼你学了一段，但终究效果不佳，我也只能放弃。"

女儿沉默了一会说："那时候我几岁？"

父亲说："5岁。"

"那么你呢？那时候你几岁？"女儿接着质问父亲。

看到朋友不知道如何回答，我接过话来："亲爱的，那时候你只有5岁，爸爸是35岁。但是在对自己的决定负责任这方面，5岁和35岁没有差别。而且，你的爸爸可以帮你做很多事情，唯独没有办法帮你学习，帮你成长。假如你自己不肯学，不管他怎样逼你，效果都不会太好的。你应该知道，为追逐蝴蝶而奔跑的你，和后面有一只野猪追赶而奔跑的你，哪个能跑得更好。假如没了野猪，你就再也不肯跑了。但假如因为蝴蝶，你会很快乐、不知疲倦地奔跑。你说呢？"

我相信，你们尽管年轻，一定深知两者的差别，可是偶尔，你们会不会和朋友的女儿犯同样的错误，把责任推到别人身上，会指责你的父母、老师、朋友、同学怎么不肯帮你、逼你成长？你知道，这是很不成熟的一种表现。真正成熟的人，绝对不会这么做。

我在哈佛曾经听过一场印象深刻的演讲，演讲者是一个名叫赛因斯的企业家。

演讲一开始，赛因斯就告诉大家，和在座的诸位相比，他简直是一个天生的笨蛋。整个读书期间，他始终是那个坐在教室最后一排少言寡语的人。不管老师们怎么循循善诱，他始终提不起对学习的兴趣。高中毕业时，他的成绩大都是C、D或者F。他认为像自己这样的笨蛋，这辈子也就不会有出息了。

他当然没有去读大学，而是去了一家汽车修理厂。在那里，他发现自己突然像是换了一个人，对关于汽车的一切知识都如饥似渴。很快，赛因斯变成了一个技术熟练的修车工人。再然后，过了10年，赛因斯拥有了属于自己的连锁汽修厂，成了一名成功的企业家。

可是，尽管事业已经小有成就，赛因斯依然对自己曾经的求学经历耿耿于怀。尤其是参加当地的高层管理人员联谊会时，每当那些高学历的CEO们引经据典，他总是感觉自己抬不起头来。当年的读书成绩，让他给自己贴上了笨蛋的标签，与在座的众人相形见绌。

为了摆脱这种耻辱的感觉，他下定决心自己阅读管理方面的书籍。于是，他聘请了一位老师，每周用5天时间，每天拿出1小时教他读书。本来心中充满忧虑的他发现，虽然艰难，但自己居然可以顺畅地阅读了。很快，他的阅读能力突飞猛进。现在，他已经可以试着跟大家一起交流对管理理论的认识了。

他说，想用自己的经历去激励大家，假如你真的能发自内心地去学习，就一定可以撕去贴在自己身上的所有负面标签，做出让自己都刮目相看的举动。学习是这样，做事情当然也是同样的道理。

我承认，即便是自认为心态非常好的我，也有过被动前进的经历，效果当然不好。但意识到这一点之后，我会很快调整心态，让自己尽可能变成主动前进。

首先，我会让自己有更积极的态度。我会不断给自己心理暗示，告诉自己我很棒。然后我会向自己描述这些我不那么乐意做的事情将会给我带来多么美妙的前景。这时候，我从不阻拦自己做白日梦。这种充满正面力量的心理暗示，可以消除我的抗拒心理。

接下来，我会告诉自己，虽然这些事情可以给我带来很多正面结果，但也存在另外一种可能。不过那又怎样呢？我是一个对自己负责任的人，我会勇敢面对自己的人生。虽然这些事情充满不确定甚至充满困难，但不试试看怎么知道呢？

然后，我会主动考虑问题，尽可能做好准备工作。倘若没有周全的考虑，自信只是一种盲目的乐观，我可不愿意那样。于是我会事事留心，事事尽力，让自己在做准备工作的同时也得到进步。

然后，在整个过程中，我都会不断鼓励自己：你是自己命运主动的参与者，你是自己人生绝对的规划者，你的人生是被自己内在的东西决定的，你不会被外在的所谓命运牵着鼻子走。

就这样，每一次遇到我不是特别乐意做的事情时，我都会这么做，在一次一次的强化过程中，我真的变成了自己命运的掌控者。至少，我是这么认为的，而你同样可以做到。

你的主见很重要

不管你是什么性格的人，恐怕都不喜欢"没主见"这个词出现在自己身上。但由于主观或者客观原因，那些自己拿不定主意、遇到棘手问题总想逃避、总是得到别人肯定才肯行动的现象屡见不鲜，在我们身上也时常可以看到它们的影子。

有一天，一个少年去附近的鞋店想要定做人生的第一双皮鞋。老鞋匠问他："你这双鞋子，想要方头还是圆头呢？"少年觉得两者都挺好，不知道应该选择哪一种。于是鞋匠让他回家再考虑考虑，考虑好了再过来。

过了几天，少年在街上遇到了这位鞋匠，关于方头还是圆头，他依然拿不定主意。老鞋匠看他实在不能做决定，就告诉他："好吧，我知道了。过几天你来取鞋子吧。"

当少年去取鞋子时，他发现，老鞋匠给他做的鞋，一只是方头的，一只是圆头的。他非常惊讶："怎么会这样？"

"既然你自己始终不能做决定，那就只好让我来决定了。既然让我决定，那我想要做成怎样都可以，不是吗？我只是想告诉你，别总让人家替你做决定。"老鞋匠平静地看着他说。

少年收下了这双不能穿的鞋子，也收下了一条重要的人生守则：自己的事要自己拿主意。如果自己没有主见，把决定权拱手让给别人。那么一旦别人的决定很糟糕，你就不得不后悔莫及地接受这个糟糕的结局。

倘若你也能够明白这个道理，就不会再把命运交给别人把控。对于任何人来说，未来的事情总是未知的，这一点，别人和你没有差别。既然你有勇气接受别人对未知的判断，为什么就没有勇气接受自己的判断呢？把自己的未来交给别人，是不是对自己太不负责了呢？所以，试着为自己做决定吧，不要怕，即便出错了，那也一定是一种收获。

有一次去朋友家里吃饭。餐桌上，我看到女主人专门为小女儿准备了一份素食。朋友解释说，女儿几个月前看了一部关于虐待动物的纪录片，从此决定不再吃肉。于是，他们每顿饭都专门给女儿准备素食，她已经坚持了好几个月。虽然女主人会更辛苦，但为了孩子的自主能力，她没想过要劝女儿改变主意。

我非常认同朋友的做法，虽然我的孩子们没有人想要成为素食主义者，但小时候吃东西时，我会为他们介绍各种食物的营养价值，以及我们的身体对各种营养成分的需要。至于他们想要吃什么，由他们自己决定。虽然儿子不喜欢吃蔬菜，但我和妻子从来不会强迫他。之所以这样，不是因为我们不疼孩子，而是相对而言，培养他们的主见更重要。

虽然他们的主见不一定是恰当的。比如，没有吃饱就想离开餐桌去玩，这也没关系，他会付出挨饿的代价。犯错误是成长不可或缺的学习过程，最重要的是，我要向他们传达出这样的信息：你自己有能力决定自己吃什么，决定自己怎么做，我充分相信你的判断。

我不知道在你的成长过程中，父母、老师和身边的朋友向你传达出了怎样的信息，但不管怎样，你的人生终究是需要自己负责的，没有人能一直替你做决定。而你的主见，是保证你不被他人左右、保证自己掌控命运的根基。不管那个别人多么强大，多么聪明，你也不可以轻易怀疑自己。

1908年，当欧内斯特·卢瑟福获得诺贝尔物理学奖时，曾经断言"由分裂原子而产生能量，是一种无意义的事情。任何企图从原子蜕变中获取能源的人，都是在空谈妄想。"结果，很快，能用于发电的原子能就问世了。

历史一再向我们证明，"迷信别人"是不可取的，与其这样，何不"迷信"自己？倘若你不是坚定地相信自己，就很容易在怀疑的声音中迷失。

假设你和一群朋友一起远足去一个陌生的地方，到了一个岔路口时，大家不清楚应该往左走还是往右走，于是打开地图看。大家都认为应该往右走，可是你的判断是应该往左走。这时候，你会告诉大家自己的意见吗？

对于大多数人来说，很多时候，很多事情，我们都会有自己的意见。但是问题在于，当你做出了某个决定时，如果身边的人都不肯支持你，甚至否定、质疑，这时候你还敢坚持自己的决定吗？你还有勇气和决心继续下去吗？

加利福尼亚大学洛杉矶分校经济学家伊渥·韦奇发现了这一现象，观察许久之后，他告诉我们：即便你已经有了自己的判断，有了主见，但假如有10个朋友的看法与你不同，你就很难不动摇，很难再坚持己见。这一发现被称为"韦奇定律"。

虽然我们都不愿意自己受到这一定律的左右，但很遗憾，很多人正在这么做。为什么呢？也许是因为我们不够相信自己，也许是我们害怕承担责任，也许是因为我们都害怕被孤立。但不管是哪种原因，当你放弃了主见的同时，潜意识里一定有一个小小的声音在说："我对你很失望，你是个懦夫。"你愿意听到这个声音吗？

请记得，在我们一生中，有主见是极其重要的事情。

别人的**意见**也很重要

你已经知道了，主见是非常重要的。但是，每个人的阅历、经验、知识、智慧都有限，所以广泛听取意见也是很重要的。否则，目空一切、不屑借鉴的人，往往会多走很多弯路。这一点，我相信即便是年轻的你，也一定会认同。只是问题的关键在于，我们该怎样听取别人的意见呢？

倘若现在我给你 10 只手表，每一只都显示不同的时间。那么，你该怎么确定现在的正确时间呢？所以有时候，听取意见不难，难的是面对不同的声音，它到底能帮你，还是给你带来更多混乱？

我常常会告诉青少年们，在听取别人意见时要做到三点：在听取之前不要心中抱有成见；在听取之后不可失去自己的主见；切勿以数量取胜，要用理智做判断。

假如能够做到这三点，别人的意见将会带给你莫大的益处。最怕的是，你觉得这个意见也有道理，那个也很有道理，自己的意见同样有道理，到底该怎么办呢？

这时候，或许你只能求助于自己本身的价值观念和行为准则。尼采有句话是这样说的："兄弟，如果你是幸运的，你只需有一种道德而不要贪多。"同样，在判断应该听取哪些意见时，你也只需遵循某种单一的价值观念，这样才不至于无所适从。

当然，要想能够遵循自己的价值观，前提是你要信任自己内心的声音。在众人意见的背后，你的心底会有另外一种平和的、平静的，甚至是无言的声音，你可能根本没有注意到它。但是，它一定是存在的，那是你内心的声音。不管你是否去倾听了，它都存在。有时候，我们叫它"灵魂""潜意识""心声"。事实上，这都只是不同的表述罢了。只有你内心的声音最了解你真实的想法，最知道你想要成为什么样的人，最明白你听从哪些意见比较好。只是，内心的这个声音，往往是很轻的，为了赋予它力量，你需要给它足够的信任。而它也是值得你信任的，因为它永远不会离开你，永远都在试图帮助你。你需要做的，只是静下来，安静地去倾听它。

有了内心声音的帮忙，如何取舍别人的意见，也就变得不那么难了。可是，接下来又出现了另一个问题。当你认为别人的某个意见值得采纳时，你会怎么做呢？

新搬来的邻居到我家里喝咖啡，他参观我的书房之后，跟我说："你可以把所有的书籍按照专业类别分别排列，或者按照书名的首字母排序，这样可以方便以后查找。"我向他道谢，说这是很好的建议。但事实上，我的确认为他的建议不错，可想都没想过要按照他的建议去做。

由于经常伏案工作，我的肩部和颈部时常会有疼痛的感觉。我的太太建议我说，练练瑜伽不错，可以有效缓解疼痛。她说得没错，我也感谢她的建议。但我知道，自己肯定不会去学习瑜伽。

时常会有人建议我说，你应该多花时间了解一些理财方面的知识，这样才有可能实现财务自由。我相信他们是对的，这也是很好的建议，但我依然不会花很多时间在投资上，因为我不感兴趣。

事情就是这样。很早之前，我就发现了这一现象，然后我就开始反省，为什么我们一方面认为他人的建议是有道理的并且是对自己有利的，但另一方面就是不愿意尝试着去做呢？

我想，一方面是已经成年的我们从心底里抗拒别人对自己指手画脚，我们会认为，按照别人想法取得的成功，其实是一种失败，因此我们排斥那些不请自来的建议。

另一方面也许是因为，我们宁愿不改进现状，也不愿意做自己不想去做的事情。比如，整理书架、练习瑜伽、学习投资理财知识这些建议，一定有助于改进我的生活状况，但既然现状并非不能忍受，我又何必勉强自己去做那些我并不感兴趣的事情？所以，那些看似有用的、明智的建议，其实完全没有用。可如果是这样的话，我们还需要别人的意见吗？别人的意见再好又有什么意义呢？

这也就是为什么很多人明知道抽烟不好依然抽烟，明知道垃圾食品不健康依然爱吃，明知道开车的时候看手机不安全依然会发短信，等等。

所以，并不是掌握了正确的信息，我们就会做出正确的决定。听了并且认为别人的意见正确，只是我们朝着正确方向前进了一步，可是如果我们不肯继续走下去，之前的一切就变得毫无意义了。假如你曾经跟我一样，那么也需要对自己是否会听取他人意见重新审视。

最后，当你真的能够听取别人的意见，并且付诸行动时，我们还要避免自己变得依附他人的意见。也就是说，我们被他人的意见所左右。举个最简单的例子，假如长久以来你的父母总是在谈论未来你应该从事什么职业，应该是什么样子。而假如你被他们这种日复一日的讨论所影响，那就是在依附他们的意见，你也终将会被他们的意见所束缚。这时候，你需要做的，是更加努力地倾听内心的声音，让自己超然于所有外在的声音。只有这样，别人的意见才能最终帮你成长。

第三章 恐惧无法让你解决问题

客观来讲,只要我们活着,恐惧总是难免的,任何人看到吐着芯子的巨蟒的第一反应都会恐惧。但尽管如此,主观上的恐惧却是可以从认知上加以消除的。翻开那些成功人士的简历你会发现,他们不是比你会做,而是比你敢做。只要你敢于强迫自己去面对恐惧,勇于动手去尝试,那么坚定的信念和强烈的目标,就能帮你战胜一切恐惧。

越让人恐惧的事，越值得战胜

你、我，和所有人一样，我们都有着各种各样的恐惧。我们害怕痛苦、害怕变老、害怕死亡、害怕失败、害怕犯错、害怕陌生人、害怕陷入无助的境地、害怕被抢劫、害怕破产、害怕股市暴跌、害怕被人冷落、害怕老鼠、害怕蛇、害怕血腥、害怕地震飓风……种种让我们恐惧的事物，简直不胜枚举。

看起来，我们似乎每天都生活在无穷无尽的恐惧中，人生似乎充满了绝望，但你需要因此害怕活着吗？没有必要。恐惧是再正常不过的事情，想要理解我们的生命，就必须理解恐惧，虽然这似乎是人类永恒的难题。但有趣的是，所有的"恐惧"，都是一个风向标，向我们指出了你应该努力的方向。越是让你恐惧的事情，就越值得去挑战。因为只有战胜了它们，你的生命才会更加完满，心灵才会更加安宁。所以，哈佛的学生们都明白这个道理，越害怕的事情，越值得去做。

我在哈佛医学院遇到过一个学生，那是一个美丽苗条的金发女子。她告诉我，自己从小就有非常严重的密集恐惧症，连鹅卵石小路都不敢走，看到珍珠鸡、蚁群，就觉得头晕恶心、头皮发麻，甚至还会吓得晕倒。

但是，长大之后，她决定挑战自己的恐惧，让自己的人生不受影响。于是，读大学时，她选择了医学专业，她知道有很多基础课程都是要看显微镜的。在显微镜下看到的每一样东西，对密集恐惧症患者来说，几乎都是引发疾病的诱因。因此，入学之后的很长一段时期里，每次看显微镜，尤其是一些血液切片和肿瘤切片的时候，看到那些非常密集的细胞，她都脸色蜡黄，想要逃开。但她逼着自己忍住恶心的感觉。而且，做这些实验和观察往往是一整个上午或下午，"我会努力转移注意力，用上自己几乎所有的意志坚持下来，每次做完实验都满身虚汗。但我成功地做到了。"她开心地说。

就这样，现在，她已经成功治愈了自己的密集恐惧症。更重要的是，她成功克服了自己的恐惧。她更明白了一个道理："面对自己的恐惧，你能做的就是明白其根源是自己，然后勇敢面对它，战胜它。当你战胜了自己最恐惧的事之后，你会发现，剩下的其他恐惧都不那么让你害怕了。而且，我们内心最大的恐惧，其实是对恐惧本身的恐惧。"

我相信她所说的道理，因为，当我们克服了某一件自己特别恐惧的事之后，最大的收获，是战胜了恐惧。当恐惧不再那么可怕时，我们也就不会在其他事情上那么恐惧了。

社会心理学家马斯洛在谈到"安全与自我关系"这一问题时，曾经描述过这样一个现象：婴幼儿特别喜欢滑下母亲的膝头，展开对这个世界的大冒险。但是，他们的大冒险必须有一个安全前提：母亲在视力所及范围之内。假如母亲不见了，不管他们多么调皮，也会停止对世界的探索，开始陷入焦虑与恐惧，只希望回到安全区域，也就是母亲的怀抱里来。

心理学家认为，追根溯源，我们的恐惧源于和母亲分离，进入一个陌生而未知的环境中。因此，对陌生和未知的恐惧，贯穿我们生命的始终，成为基本的恐惧。我们带着与生俱来的不安全感，开始一点一点地探索身边的环境，让陌生变成熟悉，让未知变成已知，在希望与恐惧的交替中成长。

所以，我们的人生，本身就是一场谨慎的冒险，因为它充满了未知，而所有未知的事情都让我们恐惧。可是，未知一方面让人恐惧，另一方面也充满了魅力，不是吗？

这一生，我们一直在做的事，就是让自己的世界越来越大，让自己的天空越来越广阔。而我们成长的路，正是把陌生变熟悉、把恐惧变安全的旅程。

而正是恐惧和害怕，让人生充满惊喜刺激，让成功更加喜悦。

而恐惧本身，对你没有任何危害。它仅仅是对未来的一种消极反应，是你的想象力对未来可能出现的某种痛苦处境的预见。这种反应，原本是一种自我保护措施，可以让你处在安全的状态，防止你进行可能伤害到自己的冒险，我们也的确需要适度的谨慎。只是，这种自我保护，极有可能阻止你进行危险的尝试，也有可能阻碍你去承担有利于你成长和变化的风险。

你呢？在恐惧什么？不管是蛇，还是在众人面前演讲，不管是恐高，还是蜘蛛，都没关系。只要你愿意克服这些恐惧，就一定可以做到。

克服恐惧的步骤方法

没有人喜欢恐惧的感觉，我们都希望轻而易举地克服它。可是，你一定知道，克服它没那么容易，否则恐惧也不会充斥于这个世界。的确，克服恐惧似乎是"不可能完成的任务"，即便某些让我们完全莫名其妙的恐惧，也会让有些人畏缩不前。

有一次攀岩时，我看到一队孩子正在野营。老师正在帮他们进行坐式下降，他们需要沿着绳索顺着岩壁往下降落。很多孩子看起来都非常喜欢这个活动，他们享受着沿绳索快速下滑那种近似飞翔的快感。然而有一个孩子，也许是恐高，也许是恐惧坠落，不管老师和同学如何劝说绳索不会断掉，如何保证他自己完全可以控制下滑的速度，他就是不肯往崖边迈出一步。当然，最后他试都没试，沮丧地结束了这一活动。

看到这个孩子，你有没有想起自己？不管你恐惧的是什么，这个世界上都有一部分或者很多人根本不怕它们。既然他们可以做到，为什么你不可以呢？每个人生来就害怕孤独、害怕黑暗、害怕伤害，然而在成长中，有些人征服了这些恐惧，他们不再为自己的人生设限，因而拥有更广阔的天空和更多的机遇。如果你也想这样，那就试试看下面的方法能不能帮到你。

1. 意识到每个人都有所恐惧，你并不孤单

我的母亲害怕飞蛾，虽然我认为这简直莫名其妙。但每次她在家里看到飞蛾都会惊慌失措，这让我哑然失笑的同时，也不再为自己害怕蛇感到孤单，否则那会让我觉得自己是个懦夫。而我的妻子害怕蜘蛛。每次家里出现蜘蛛，不管我在做什么，都得前去处理。面对那种毛茸茸很多腿爬得很快的生物，我不是没有恐惧。可是没办法，妻子看到蜘蛛如同世界末日，我只能硬着头皮上。

说这些是想告诉你们，每个人都有自己恐惧的事物，只是他们恐惧的内容可能与你不同。明白了这一点，你就不会把自己当做懦夫，你会感觉自己不是一个人在与恐惧战斗。与此同时，你可以和身边的人谈论他们害怕的事物，从他们身上寻找应对方法。

2. 探索自己内心的想法，向恐惧问问题

面对不可知或者本身就害怕的事物，我们难免会心生恐惧，可是你是否明白，我们的恐惧往往是毫无来由的？就像我母亲对飞蛾的恐惧一样，它并不会伤害你。所以，问问自己：

我所恐惧的东西或事情，对自己的危害有多大？

我心中设想的糟糕的情况，发生的概率有多大？

如果真的出现了让我恐惧的局面，自己是否能承受？

假如最糟糕的事情发生了，我能处理好吗？

然而，人往往是这样，相对于已经发生的事情或者真正可能出现的现实，我们倾向于关注并且相信尚未发生的、我们认为可能会发生的。因此，你需要梳理一下自己的内心，看看自己的恐惧是多么地不理性。

3. 列出清单，列举恐惧可能带给你的各种利弊

把自己的恐惧写在纸上，想想看：假如我不害怕它，生活会有什么好的改变？不管你害怕什么，消除一项恐惧，生活总会变得更好，不是吗？所以，花一点时间，问自己一些问题，把答案写在清单上，你就可以得出自己克服恐惧的益处，它可以为你提供动力。

我的这些恐惧，曾经给我带来过哪些损失（包括心灵上和实际生活中的利益）？

假如我继续恐惧，未来还可能有哪些损失？

如果不再恐惧这些，我的生活会有哪些不同？我能做哪些以前不敢做的事？

如果克服这些恐惧，我会有哪些潜在的收获？

假如你能客观地评估自己所恐惧事物的利弊，你会发现，在目前的生活状况下，恐惧是绝佳的突破口，你可以从它们入手，为人生开辟一片新的领域。如此诱人的前景，如此多的潜在好处，会让你认为值得冒一些风险。

4. 没有必要逼迫自己马上战胜恐惧

很多美好的事物、有价值的东西，都需要长久的等待，克服恐惧也一样，它不是一蹴而就的。我的小女儿怕水，教她游泳时我是这样做的：我没有第一次去游泳馆就把她丢在水里，而是让她远远地坐着，看我们游泳。渐渐地，她愿意坐到水边玩水了，尽管仍然不敢下水。等她慢慢对水熟悉、亲近之后，我开始带她进入浅水区练习。虽然她用了相当长的时间才克服对水的恐惧，但这个过程没有让她不适，所以，更有利于她以后克服对其他事物的恐惧。你也一样，面对自己的恐惧，可以一点一点分步骤征服它。

5. 进行一些心灵练习

当我们感到恐惧时，心灵一定不会处于放松状态。这时候，你可能需要一些练习，让自己迅速平静下来，以便更好地直面恐惧。我经常会尝试下面这些方法。

放松练习。当你呼吸过快、心跳加速时，就需要调整呼吸了。可以闭上眼睛，想象自己来到了约塞米蒂国家公园中一处绝美的幽谷，让心境平和起来。然后开始放松，从头部、颈部、手臂、胸部、腹部、背部、臀部、大腿、小腿、脚部依次想象变松变软……你可以在恐惧时这么做，也可以平时每天进行这样的练习。

想象练习。这一练习需要你在尚未感到恐惧时进行。你可以想象自己正在面对让你恐惧的事物或者事件。由于并不是真的身处其境，所以你可以把细节想象得更加生动具体。如果在这个过程中感到恐惧，就进行放松练习。然后继续，直到自己可以平静地面对。

最后，让我们牢记，克服恐惧最好的方法，就是动手去做那些让你恐惧的事。

不逃避就是初步的胜利

任何你害怕的事物，你可以选择避开它们，也可以选择直面它们，选择权在你手里。然而，你要知道，一个害怕摔倒的孩子，是学不会走路的。一个不肯面对恐惧的人，是难以健康成长的，更别说成熟了。

面对恐惧，当你鼓起勇气开始面对时，会发现自己已经胜利了，它已经烟消云散。很简单，恐惧是一种情绪，并非一种事实。当你不再逃避，勇敢面对时，它就已经被你从内心驱赶出去了。但你也一定知道，在恐惧面前，最难的是"不逃避"，直面你的恐惧。每次当你敢于面对一种恐惧时，你都会对自己更有信心一点。

我在哈佛听过一场令人印象深刻的演讲。一个人讲述了自己在印度修行的一段神奇经历。

"那段时期，我一直在努力清除自己身上的负面情绪，我努力克制了愤怒、嫉妒、骄傲、懒惰等等，但我却一直无法彻底赶走恐惧。修行的师父告诉我，你不用那么努力。我却始终不能理解他的用意。

"于是有一天傍晚，他把我带进一间茅屋，让我在那里冥想，第二天再出来。于是，我开始静心打坐。天黑了，我点上蜡烛继续。半夜时分，突然听到窸窸窣窣的声音。仔细一看，竟然是一条很大的蛇！我想起来印度盛产眼镜王蛇，这条大蛇是不是呢？我本来就非常害怕蛇，何况是在这种情形下，独自一人在黑暗中和一条大蛇共处一室。我的第一反应是拔腿就跑。可是我没有动，不是克服了恐惧，而是无比恐惧，以至于害怕得一动不动，我手脚发软，更怕自己发出声音会惊动到蛇。

"就这样，我坐在那里，不敢动，也不敢闭上眼睛，不得不盯着那条让我无比恐惧的大蛇。在那间茅屋里，只有我、蛇和恐惧。大约过了一个世纪那么久，蜡烛燃尽熄灭了，我哭了。没错，我流下了眼泪。不是因为绝望，不是因为崩溃了，而是我终于想明白了。

"在极度的无助与恐惧中，我完完全全接纳了它。在这个过程中，我感受到了世间万物的痛苦、渴望、挣扎，以及它们的珍贵。我不再害怕，而是满心感激。这时候，我的内心无比平静，站起来走到蛇面前，朝它鞠了一躬，然后回去继续打坐。

"很快，我安然入睡了，睡得很熟，就在我一直恐惧的蛇面前。第二天早上醒来，蛇已经不见了。我不知道那条蛇是真的存在，还是我自己的幻觉。可是那已经不重要了，重要的是直面自己的恐惧，让我对它不再抗拒，当我接纳它、熟悉它、亲近它之后，我的世界完全改变了，我开始变得无所畏惧。"

这就是我想要跟你分享的故事。它让我明白了，直面自己的恐惧意义重大。面对恐惧，几乎所有人都会告诉我们，该如何战胜它、化解它、安抚它，或者吃某些药物，我们忙不迭地要摆脱它。可是，没有人告诉我们，应该先勇敢承认它、面对它。

其实，我们所有人都会本能地逃离恐惧，那是人的天性。遇到难题，感到恐惧，我们会转身逃跑。可是，先别忙着逃跑，让我们认真打量一下自己的恐惧。它真的有那么可怕吗？真的一定要第一个念头就是除掉它吗？

有时候，当我们无路可走、再也没有逃避的可能，不得不面对的时候，你会突然发现，事情不像我们想象的那样。也许，这时候你直面恐惧，审视它、认识它、不过分美化它，也不对它进行恶魔化，反倒可以与它和平共处，就像自己内心的其他情绪一样。于是，你不会再逃避当下，也不会再让恐惧阻碍你的成长。

所以，我始终认为，在恐惧面前，不逃避就是第一步的胜利。当你真的可以做到不逃避不退让的时候，也就是你真正成熟的开始。你不会再害怕，而是感到自己很幸运，因为勇气正是从这里诞生的。

我曾经遇到过一个年轻人，他是"NEET"（"Not in Education, Employment or Training"的缩写，指不上学、不就业、不进修，成天无所事事的年轻人）一族。中学毕业已经不再读书，但也没有正式工作，靠家人生活。我问他为什么不肯出去工作，他说，害怕太辛苦，害怕人际关系太复杂，害怕自己表现太差让人嘲笑……于是他选择了逃避，选择继续躲在安全温暖的家里。

没错，他现在可以选择逃避，不去面对自己的恐惧。可是，他该怎样面对自己以后的人生呢？无论多么痛苦或者令人恐惧的事，终究是逃不掉的。选择一次次逃避，意味着要一次次面对那种惶恐无助的感觉。那么何不鼓起勇气试着去面对它、接受它、了解它？

印度诗人泰戈尔有这样一句诗："我不祈祷我的生活没有丝毫波折险恶，只祈祷我有一颗坚强的心去面对它们。"是的，这才是我们面对人生该有的态度。当你不再逃避时，也就意味着你在趋于成熟，你变得更加强大，你赢得了与恐惧较量的第一个回合。

相信自己能够解决问题

富兰克林·罗斯福就任总统的时候,美国经济正处于大萧条时期,举国上下一片恐慌。新当选的总统想要施行新政,可是,他知道当务之急是提振民众的士气。于是,在就职演说中,他说出了这样一句名言:"我们唯一值得恐惧的就是恐惧本身——模糊、轻率的、毫无道理的恐惧本身!"

他的原话是这样的:"现在正是坦白、勇敢地说出实话,说出全部实话的最好时刻。我们不必畏首畏尾,不老老实实面对我国今天的情况。这个伟大的国家会一如既往地坚持下去,它会复兴和繁荣起来。因此,首先请让我表明我的坚定信念:我们唯一值得恐惧的就是恐惧本身,这种难以名状、失去理智、毫无道理的恐惧,麻痹人的意志,使人们不去进行必要的努力,它把人们转退为进所需的种种努力化为泡影。在我们国家生活中每一个黑暗的时刻,直言不讳、坚强有力的领导都曾经得到人民的谅解和支持,从而保证了胜利。我坚信,在当前的危急时刻,大家会再次给予同样的支持。"

在所有的恐惧、担心、害怕面前,我们都有必要听听罗斯福的这段话。在生命中的每一个黑暗时刻,每一次困难面前,我们都难免会为自己的弱小感到失落、痛苦。但正如罗斯福所说,唯一值得恐惧的就是恐惧本身。

面对严重的经济危机和后来爆发的第二次世界大战,罗斯福能够正视问题、蔑视问题、果断采取各种措施最终迎来了经济和军事的最后胜利。你也一样。面对种种让你感到恐惧的挫折和难题时,你应该相信它没有你想象中那样可怕,更应该相信自己可以解决问题。

一个年仅12岁、刚刚来到美国、连英语都还不大会说的荷兰小孩布克,决定给自己找一份更好的工作。因为他家里实在太贫穷了,现在他每天要在放学后在路边捡起卡车上掉下来的碎煤块换钱。可是,谁肯雇用这样一个小孩呢?

布克却不害怕,他相信自己一定可以找到一份收入更高的工作。有一天在路边寻觅煤块时，他看到了一家糕饼店。肚子很饿的他忍不住隔着玻璃橱窗去看里面各色美味的点心。也许是他逗留的时间太久了，面包师从店里走出来，对他说："很诱人，是吧？"

"是的，先生，看起来很美味很诱人，"他停了一下想了想，接着说，"如果玻璃窗再透亮点儿，就更好看了。"友善的面包师笑着对他说："哦，这样啊，那好吧，你能每天帮我把玻璃窗擦得透亮吗？"

就这样，布克找到了第一份工作，虽然每周收入只有 5 美元，可是对他来说已经是一笔不小的财富了。在以后的人生中，凭着这种始终相信自己可以解决问题的勇气，他卖过报纸、柠檬水，做过清洁工，写过新闻报道，做过编辑，创办过杂志，后来还为人们盖房子，并且获得了巨大的成功。罗斯福总统曾对他说道："对美国的建筑有重大贡献者，除了爱德华·布克外别无他人。"今天，我们在佛罗里达州看到的"鸟鸣塔"，就出自布克之手。

这一生，他在学校受过的教育只有 6 年，而且一贫如洗，可是他就是取得了这些大部分人不能完成的成绩。你呢，你相信自己可以做到吗？相信自己可以解决遇到的所有问题吗？

或许你会说，我只是一个平凡的人，不是什么超级英雄。而人类在大自然中本来就是脆弱的，怎么可能解决所有问题呢？

宇宙对此是否一无所知我们并不能确定，我们唯一可以确定的是，问题和困难始终都存在，区别只在于我们是否意识到而已。那么，不管你是否相信，问题的解决方法始终都存在，关键在于你是否能够找到它。作为拥有高超智慧的生命，我们应该做出更有利于自己的选择。

相信自己可以解决问题，就有可能真的解决。不相信自己可以解决问题，就一定不能解决。所以，何不给自己多一点信心呢？成功学家卡耐基经常提醒自己的一句箴言是："我想赢，我一定能赢；结果我又赢了。"你也可以把它送给自己。

勇敢是成功者的通行证

没有人不希望自己是一个勇敢的人，因为没有任何人想做一个懦夫。即便你是女孩子也一样。可是，我们仅仅是因为这样才需要勇敢吗？

没有人不希望自己的人生更有意义，可是，这个世界不是一个满足心愿的大工厂，想要什么，你必须自己努力去争取。在这个过程中，我们需要勇敢，用它来战胜自己的恐惧，战胜外界的压力，战胜那充满偶然性的过程，甚至战胜那爱捉弄人的命运。

一个名叫莉丝·莫瑞的女孩，出生在纽约的贫民窟。她和所有小女孩一样，深爱着自己的父母，尽管他们吸毒，尽管他们让她身处艾滋病的威胁之下，尽管他们根本无法养活她，只能给她一个危险、饥饿、肮脏的童年。

在学校里，这个贫穷的女孩受尽了同学的嘲弄，因为她穿着邋遢、衣服破旧、头发里还有虱子。再卑微的女孩也有自尊，她选择了逃课。可是因为一次又一次逃课，原本就受歧视的她被当作问题儿童送到了女童院。

15岁时，即便是这样一个家庭也难以维持下去了，她的家庭破碎了，她失去了栖身之所，只能流落街头。为了活下去，她不得不捡垃圾甚至偷东西，在无望的前途与无边的绝望中苦苦挣扎。晚上没有地方可以住宿，她就通宵乘坐地铁，至少，那里温暖而明亮。

再然后，她最害怕的事情出现了，母亲因为感染艾滋病去世了。少女莉丝彻底陷入了孤独黑暗，这个世界上没有人爱她，人人看到她都躲着走。那个光线明亮的世界、衣冠楚楚的世界，与自己无关。可是，在最深的绝望里，莉丝迸发出了惊人的勇气。在泥淖中沉沦下去很容易，可是她要爬出去，即使这需要非凡的勇气和努力。

想要改变自己命运的莉丝决定重返高中，即使她对几乎所有的课程都一无所知，即使她知道要面对很多同学的不屑与白眼。回到高中的莉丝依然没有地方住，依然住在地铁站里。在地铁的灯光下，她用2年时间完成了4年的课程，并且获得了《纽约时报》一等奖学金，以优异的成绩进入了哈佛大学。

她可能是哈佛历史上最贫穷的女孩了，但也是最勇敢的那一个。因此，拥有阳光般笑容的她获得了"白宫计划榜样奖"，以及脱口秀女王奥普拉·温弗瑞特别颁发的"无所畏惧奖"，并且还受到了前总统克林顿的接见。她的故事被搬上荧幕呈现给所有人，而她自己也在全球各地进行演讲，鼓励人们勇敢面对自己的人生和命运。她在用自己的经历告诉我们，勇敢才是成功者的通行证，它能帮你为人生赋予意义，为自我提升价值。

假如换作是你，面对如此凄惨的命运，你有勇气向它挑战吗？听听莉丝是怎么说的："我为什么要觉得可怜，这就是我的生活。我甚至要感谢它，它让我在任何情况下都必须往前走。我没有退路，我只能不停地勇敢向前走。我为什么不能做到？"

或许正如她所说，当我们不得不勇敢的时候，往往意味着遇到了某种让自己变得更好的契机。所以，当你真的做到了勇敢，也就拥有了成功的通行证。而且，我们需要勇敢，不仅仅因为勇敢是成功者的通行证，更因为它是追求梦想、享受人生所必需的品质。

只是，你是怎么定义勇敢的呢？勇敢就是没有恐惧吗？

不是这样的。巴顿将军曾经说过："如果勇敢便是没有畏惧，那么我从来不曾见过一位勇敢的人。"勇敢并不是无所畏惧，再勇敢的人也有怯懦的时候。

那么怯懦是一种怎样的东西呢？它像是你给自己画了一个圆圈，让自己站在圆圈内不要出去，否则就会有危险。出于某些原因，你会尝试着在看似安全的时候偷偷溜出圆圈。这样做，也许是为了向别人、向自己证明，你不是一个懦夫。也许只是出于逆反心理、好奇心理。

可是，实际上呢？那个圆圈怎么可能不存在呢？有一些东西，比如死亡，它是一种永恒的存在，于是我们永远也不可能消除所有的恐惧。但是这并不意味着你不可以跨出那个怯懦的圆圈，并且不止一次。

简单来说，怯懦和勇敢就像是硬币的两面，没有怯懦，何来勇敢？只是，当你每一次跨出圆圈，怯懦的区域就会缩小一点点。当你一次次跨出圆圈，也就越来越勇敢，当你越来越勇敢的时候，也就更有勇气面对恐惧。最终有一天，你终究无所畏惧，包括死亡，不是因为你可以战胜它，而是终于可以坦然面对。而这样一个人想要获得成功，要容易得多。

消除对失败的担忧

对失败的担忧，几乎是人类所有恐惧中最为普遍的一种了。失败意味着什么呢？意味着之前所有的努力都没有结果，意味着可能失去自己想要的东西，意味着可能会被别人嘲笑，甚至意味着酿成一场灾难，甚至危及生命……所以，失败看起来是一个无比可恶的字眼，我们恨不得它在自己的字典中永远消失。

可是，和恐惧一样，失败也并非客观事实，而是我们的一种认知。对一部分人来说，失败意味着一个糟糕的结局；而对另外一部分人来说，失败意味着良好的开局，它是一个重新努力的跳板。就像学习滑雪时摔倒不可避免一样，有了它，自己才能够更快地掌握滑雪的要领。

因此，当一位 IBM 的高级经理在一次错误交易中损失了几百万美元，以为自己一定会因这次失败的交易被炒鱿鱼时，他对 IBM 的创始者托马斯·沃森说："对不起，我为自己的失败道歉，我无法赔偿公司的损失，只能引咎辞职。"而沃森却回答说："怎么可能？我们刚刚花了几百万美金培训你，你怎么可以在这时候辞职？"

沃森的这一举动，沃尔特·迪士尼公司的董事长迈克尔·艾斯纳一定会举双手赞成。他说过这样一句话:"一个像我们这样的公司必须创造出一种氛围,使人们不必担心犯错误。这意味着形成一个组织,那里不仅可以容忍失败,而且也消除了害怕因提出愚蠢想法而受到批评的恐惧。如果不是这样,人们就会变得过于小心谨慎,潜在的卓越想法永远不会被说出来,也不会被听到。只要失败没有变成一种习惯,它就是有益的。"

是的,只要失败没有变成一种习惯,它就是有益的。而我相信,任何一个正常人,都不会习惯失败。所以,你还怕什么呢?失败带来的种种不利后果都不可怕,最可怕的是,你根本就没有勇气尝试。

我认识一位记者琼斯,今天他已经声名显赫了,然而刚出道时他却极为羞怯,也特别害怕失败。有一天,上司交给他一项任务,去采访大法官布兰德斯。还是新人的他大吃一惊,连连摆手,极为惶恐地说:"不行不行,对方是大法官,根本不知道我是谁,怎么可能接受我的采访呢?"

他身边的一位同事见到这种情形,耸耸肩,拿起电话拨通了大法官秘书的办公室:"您好,我是《华盛顿邮报》的记者琼斯,我奉命要采访布兰德斯法官,不知他今天是否能抽出几分钟时间接见我?"琼斯听到他这么说担心得要命,恨不得夺过他的电话,他心想,这下自己要出丑了,这个名字会被列入黑名单吧?这时,电话那头传出声音:"大法官今天没有时间,但这周三下午可以,两点五十,请准时。"

琼斯一下子愣住了。同事似笑非笑地看着他:"琼斯先生,您的约会安排好了。"多年以后,已经功成名就的琼斯提起这件事还无比感慨:"那位哈佛毕业的同事,给我上了20多年来最重要的一课。从来没有人告诉我应该这样对待自己的担忧和恐惧。那一刻,我明白了职业生涯中最重要的一个道理:把对失败的担忧抛在脑后,相信我自己一定可以成功,然后,该怎样做就怎样做,就这么简单。"

是的,就这么简单。即便真的失败了那又怎样?尼采说:"一项重大成果完成之后便属于人类了,而对自己来说,只不过是把他从失败的恐惧中解脱出来——现在我终于输得起了。"这种输得起是你自己挣来的,如果你一开始就把可能出现的失败已经考虑进去,并且满怀信心地准备好承受一切挫折和后果。那么,失败之后依然乐观并且平静的你,在这一点上已然成功了,不是吗?

事实上,如果你有一个好点子,但因为害怕失败而没有尝试,那就等于把成功尝试的机会送给了别人。想要赢,总得先让自己相信你能赢,不是吗?所以,对失败的担忧不是不可以有,只是它不能在你心里停留太久。对此,我建议你按以下处理。

首先,设想出可能会发生的最糟糕的情况,然后问问自己是否能承受。这时候,我希望你的答案是"我能",因为年轻的你只要仍拥有自我,就没什么不能接受的。

然后,让自己着眼于过程,而不是结果,这样做可以有效转移注意力,让你把关注点放在怎样进行周详的准备以便于成功,而不是万一失败了怎么做。

当然,在着眼过程时,你一定要提前化解自己看到的潜在风险。如果你看到了很多潜在风险,不必担心,每看到一个,都意味着将会减少一个意外,你也就离成功更近一步。

你出错了,那并不可怕

好不容易鼓起勇气、满怀信心地开始挑战自己一直恐惧的事情,好不容易压制住对失败的担忧有所行动了,可是,你出错了。这时候,你有着怎样的心情和感受?你会后悔自己根本不应该开始?还是一心想要退回自己的安全区域再也不肯进行冒险?

你知道自己不想做个懦夫，所以面对这些本能的自保心理，会努力赶走它们。那么，你打算怎样说服自己犯点错误没什么了不起的？

也许 Honda 协会的会长索乔勒·霍达可以帮你回答这个问题："当日子变得这样黑暗和阴沉起来，就意味着我一直都在努力寻找着的宝藏，就快被发现了。那种一触即发的光明和伟大的希望，在电光火石间出现，会使我立刻就忘记了我在那漫长的工作中，经受的所有煎熬和为此而付出的艰辛。"

谁能不犯错呢？大师也一样会犯错，更何况是你我呢？出错了，没什么了不起的。关键在于，我们是怎样对待错误的。

巴菲特是蜚声国际的股神，似乎拥有未卜先知的神力。可是你知道他也在不停地犯错吗？早在 1965 年，巴菲特买下了伯克希尔纺织公司的控股权。当时这家公司的账面上约有 2200 万美元，全部投资在纺织业上。虽然早在 9 年前这家公司就开始出现亏损，虽然明知道纺织业的前景不好，可是由于价格实在便宜，巴菲特没能禁得起诱惑，买下了它。

之后呢？这家公司从来没有给巴菲特赚到一分钱。尽管后来公司意识到纺织业实在前途不佳，因而开始进行多样化经营，进军保险等行业，但由于高层管理者一直以来只对纺织业比较了解，面对国内外激烈的竞争，它的多样化经营并不成功，带给股东的投资报酬实在少得可怜。不管公司的董事和管理层如何努力，最终它仍然难逃被拍卖的命运，账面价值只有 86 万美元。从 2200 到 86，这次失败的投资，无疑是一项错误举动。

可是巴菲特从中得到了深刻的教训，他为自己总结出了四大条规矩：不要因为价格便宜而购买没有行业前景的公司股票；避开那些经营困难的企业而不是试图帮它起死回生；与其花低价钱购买普通公司的股票，不如用合理的价格购买好公司的股票；一家好公司还不够，它的经理人也要足够出色。正是这四条规矩，在他以后的投资实践中发挥了巨大作用，成就了今天我们看到的似乎是战无不胜的股神。

正如哈佛商学院的优秀毕业生，后来成为大企业家的罗恩建议的那样："年轻人需要多犯错，因为错误是事业发展的最好燃料，错误可以让你懂得如何扭转逆境。我们只要学会如何不再犯同样的错就可以了。坚持这样的原则，你会比那些保守的人更容易取得成功。"

的确是这样。在某种程度上，犯错意味着你在进步、在成长。那些什么都不做的人永远不会出错，可是这真的可以确保安全吗？那些犯错的人在一点点进步，总有一天会把从不犯错的你远远落下。

你知道TiVo公司是怎样没落的吗？或许你根本没听过这个公司的名字，但也一定正在使用它生产的产品——电视机。当年，TiVo公司把电视机生产出来，然后努力推广，发展出了强大的特许加盟队伍，对整个世界的文化都产生了巨大的影响。

然而，当这个团队打造出了TiVo这样一个神奇的品牌之后，公司的高层害怕了。他们之前每一次的产品研发和投资都胜利了，而且是大获全胜。在这些成绩面前，他们开始关心如何不让自己出错，以免之前的努力都白费了。虽然和以前相比，他们现在拥有了更加充足的资金、实力、资源、知名度，有了成就更伟大事业的条件与可能性。可是，他们所做的却是一改之前的大胆冒险，而是小心谨慎，避免让自己犯任何错误。

对任何一个有野心的人或企业来说，这种做法本身就是一种错误。于是，尽管后来TiVo仍然想出过不同凡响的好主意，可是却没有进行尝试。我们知道，这个世界需要的并不仅仅是你的点子，不管你曾经多么辉煌，一旦不能再贡献出更好的产品，依然会被无情地抛弃，于是TiVo公司就这样被市场抛弃了。

请记住，错误并不会把你推上绝路。出错了，及时改正错误并且付出尽可能小的代价，才是你应该考虑的事情。善后工作完毕，考虑自己从中可以学习到什么，学习有效与无效行为的差别，也就足够了，完全不必有负面情绪。

下一次，一旦你真的出错了，只要记着三句话就可以了：承认你的过失，并且承担因此而造成的损失；善待自己，游戏只进行到了一半，不必着急退出；纠正错误，继续前进。

不下水，你永远学不会游泳

年轻的你在持久的学习过程中，假如感觉自己没有变得更好，或者没有明显的提升，那么你一定遗漏了最重要的东西——实践。

比如，你读了有关游泳的书籍、博客，一定会觉得这实在是一件很容易的事。但当你穿上泳衣跳进水里开始滑动双臂、拍打双腿时，我敢打赌你一定会喝上几口水然后狼狈地在水里挣扎，而不是像你想象中那样姿态优雅地游动。

我并不是想要贬低理论学习的作用，只是想要强调，再多的理论知识、再精彩的创意、再完美的计划策略，倘若没有付诸实践，都只是虚幻的泡沫。在一切准备就绪之后，你必须动手去做，用实践造就结果，用练习成就完美。

想象一下，假如你现在15岁，住在奥地利。有一天，你跟身边的人说："我想成为世界健美先生冠军。"他们会怎样回答呢？"哦，不错的梦想，加油哦。""得了吧你，开什么玩笑。"你会听到各种各样的回答，有人泼冷水，也有人热情地鼓励你。可是，假如你说完这句话就把这件事丢到一边，你认为自己真的能成为健美先生吗？

有太多人少年时有过这类想法，但是他们只是想想了事，而不是像这位少年一样开始每天训练。尽管他不认识任何健美教练，也不知道自己能不能成功，但他知道，假如自己不去训练就一定不可能做到。一开始，他每天训练1小时，后来逐渐增加到2小时、3小时。3年之后，在他18岁时，每天的练习时间是5小时。5年之后，他20岁，成了世上最年轻的环球健美先生。终于，他如愿以偿了。

在那之后，他赢得了一次又一次冠军。在他拿到比任何人都要多的13个健美冠军之后，他认为自己应该换个行业发展了，因为随着年龄增长不能一辈子靠健美生活，于是他开始进军演艺圈。

身为健美冠军的他在演艺圈并没有受到欢迎，很多经纪人都拒绝了他，他们的说法惊人的一致："你不可能当演员，听听你的口音，太奇怪了。"可是，"连试都没试，他们怎么知道我不能当演员呢？更何况，我才不要只做一名演员，我要成为成功的名演员！"

于是，像练习健美一样，他开始练习发音，开始去上演员课程。所有你能想象到的与表演有关的课程，他都去上了。所有能进入演艺圈的事情，他都努力尝试了。然后，他得到了一些跑龙套的小角色。渐渐地，那些被人嘲笑的缺点成了他的特点，随即成了卖点。他接拍了一部又一部电影，成为世界著名的演员。在《魔鬼终结者Ⅲ》中，他更是拿到了3000万美元的片酬。毫无疑问，作为演员，他再次成功了。

现在，你一定已经知道他是谁了。没错，他就是阿诺德·施瓦辛格。当他想要竞选州长时，别人说："你疯了？没错，你是健美先生冠军，是片酬极高的名演员，可是你根本不知道该怎么当州长啊？""不试试看怎么知道呢？不去当州长，谁会知道州长该怎么做？"无视众人的质疑，他去参选州长，并且成功了，然后还赢得了连任。

和施瓦辛格一样，在你的人生道路上，每一次，当你好不容易战胜自己内心的恐惧想要去做某件事情时，都有可能听到很多人很多声音的劝阻。他们会告诉你那件事情太危险了，你根本不懂得该怎么做，所以你根本做不到。这时候，你只需要告诉自己："不要听他们的！他们说我不会游泳，下水会有危险，要等我会游泳了才能下水。可是不下水，我怎么可能学会游泳？"

事实上，在"做中学"是一种非常有效的学习方法。凡事不能只凭想象，应该要亲身经历才对。就像比尔·盖茨所说的那样："靠愿望和祈祷是不行的，实现理想必须动手去做。"那些没有动手去做的人，是什么阻碍了他们呢？心存恐惧的他们不敢越雷池一步，好像有一些东西在让他们望而生畏。

的确，你不会游泳，所以下水之后难免要吃些苦头。可是听听米开朗基罗是怎样说的吧："如果大家知道我是经过了多少艰辛才掌握了今天的技能，那就没有什么值得惊奇的了。"那些让我们叹为观止的所谓奇迹，和你学游泳一样，也是在一次次的实践与摸索中才得以造就的。明白这一点，会不会给你更多鼓励？

如果你不射门，百分之百不会进球；如果你不下水，百分之百不会游泳。但假如你动手去做了，就一定有可能做到。年轻的你，何不试试看呢？

和自己不断较量，才能不断超越

有一位相当成功的中国企业家名叫王石，他在60岁的时候选择去哈佛进修，来到一群20多岁的年轻人中间，做了一名后进生。原本他是一名到哪里都受人尊敬的董事长，突然成了低智商的差生。他为什么要这么做呢？

这是他的理由："实际上从某种角度来讲，人类之所以区别于其他动物，很重要的一点就是对自我的不满足。所以作为人类，你一定要有一种不满足的状态，不断学习不断进步的一种状态。如果不是选择去哈佛学习，我可能就航海去了，航海遇到更多的是物理上的、身体上的一种挑战一种折磨。为什么去做那个呢？我觉得这个过程是我需要的一种享受，这是对自己的一种不满足的进取。"

真的是这样，和自己较量，不是跟自己过不去，而恰恰是为了追求更多快乐。那种超越了自我、克服了某种障碍的感觉，是真正的、无与伦比的幸福，也是到达成功的一种有效途径。

当拳王阿里还不是拳王的时候，他每天练习时，都会击打一个形状、重量都与自己差不多的沙袋。别人好奇地问他："你干吗要做这样一个沙袋呢？"阿里说："为了和自己较量。我只有一次次不断地从心理、力量、技能上战胜自己，才有可能战胜别人。"

后来,阿里成了我们自己都认识的拳王,但他依然没有忘记要时刻与自己较量。在阿里的职业生涯中,他只输过2次。据说,第一次失败时,他一气之下击碎了那个以自己为原型做成的沙袋;第二次失败后,他竟然对着镜子中的自己狠狠地击出了一拳。我们都知道他的拳头威力如何,结果镜子碎了一地,他自己也满手是血。

也许,正是因为这样一次次地与自己较量、一次次地战胜自己,他才能屡屡战胜对手,成为众人眼中的王者。

这个世界上没有一劳永逸的事情,想要立于不败之地,只有不断地提高自己。想要提高自己,你需要对手。这个对手可以是别人也可以是自己,但你最大的敌人永远是自己,因为这个敌人最了解你的弱点,所以你要不断让自己变得更强,才不会处于弱势。很多时候,即便你在自己所处的环境中是最优秀的,也并不代表你可以松懈。

家住休斯敦的诺埃尔·汉考克从耶鲁毕业后,找到了一份相当舒服的工作,给《美国周刊》娱乐版写专栏。大家都羡慕她的工作真好,只需要和当红明星聊聊天,然后敲敲键盘打打字,就有六位数的年薪。而且,她还有一个深爱着她的英俊未婚夫。看起来,一切都是多么完美啊,诺埃尔也深深感到自己真的很幸运。

然而,事情在诺埃尔接到裁员通知的那一刻发生了改变。那时候,她正和男友在一处风景怡人的小岛上度假。自己失业了?怎么可能会发生这种事情?可是事情就这样发生了。失业之后的诺埃尔意志消沉了很久,因为不管是工作还是生活都过于顺利的她从来没有经受过这么大的打击。几周之后,她打算重新找一份工作,可是29岁的她发现,原来这么多年来自己除了写娱乐新闻之后没有任何专长,而且她对在另外一个陌生领域尝试新工作充满了恐惧。自己原本拥有的美好生活原来是这么脆弱而不堪一击?

迷茫而无助的诺埃尔开始重新思考自己的人生,直到有一天在一家咖啡馆的公告栏上，她看到了这样一句话："每天做一件让自己害怕的事"。她脑子里顿时涌现出了很多自己害怕的事：害怕环境的变动、害怕与人讨价还价、害怕别人因为自己的举动而不高兴、害怕为自己辩解、害怕在公司会议中发言、害怕在众人面前演说……

她记忆中的诺埃尔是一个充满强烈上进心、不断挑战自我的人，从什么时候开始变得这样害怕改变只想原地停留？反思之后的诺埃尔做出了一个决定，她决定和自己来一场较量，用1年的时间来挑战自己，每天做一件现在自己感到害怕的事情。

可能很多人都这样想过，但勇敢的诺埃尔真的去做了。1年间，她做了很多自己过去从来不敢尝试的事情，去了很多陌生的地方，和遇到的人交流，向他们学习。这1年的时间，诺埃尔发生了巨大的变化，她把自己的经历写了出来跟大家分享，而她自己也因此迅速成名，开始了全新的职业生涯。

我们只有对自己残酷一点，别人和这个世界才不会那么残酷。人的一生，实际上也正是一个不断与自我较量的过程，与自己的贪婪、恐惧、欲望、缺陷、弱点较量，从而让自我更加完善。不是吗？和自己不断较量，你才能一直超越，一直成长，一直进步，进而成功。

不要小瞧自己的能量

那些处于金字塔顶的成功人士，他们的辉煌成就，其实根本没有你想象的那么难以得到。很多时候，并不是你缺乏能力，而是你没有像他们一样去尝试罢了。这个世界上充满了尚未开发的才智和潜能，它们之所以一直被埋没，是因为你——它们的主人，还没有把它挖掘出来。千万不要小瞧自己的能量，每一个敢于挑战自我、开发潜能的人，都一定会愈加卓越。

每个人都有无限潜能

获得哈佛大学医学博士学位并且在哈佛担任教授的心理学家威廉·詹姆斯告诉我们，每个人身上都有巨大的、尚未开发的潜能。我们开发出来的潜能，只不过是冰山一角，大约只有十分之一。不管是身体资源还是心灵资源，我们都遗忘了另外一部分巨大的能量。

只是由于没有进行专门的潜能训练，而且并不清楚或者说并不相信自己拥有创造奇迹的能力，所以大部分人的潜能没有得到开发，更谈不上淋漓尽致地发挥了。于是这种潜能只好一直在我们体内沉睡，偶尔在某些特殊时刻才会闪露一点光芒，向我们证明其存在。

这个道理，相信梅尔隆可以用自己的经历告诉你。他是一名在越南打过仗的老兵，战争中他不幸被流弹打中，伤到了背部脊椎。被送回国医治了很久，都始终没有办法再站起来行走。医生宣布，由于脊椎受损，他不可能再站起来了，下半生只能借助轮椅行动。

觉得此生已经再也没有希望的梅尔隆变得脾气暴躁，每天都借酒浇愁，整天坐着轮椅去酒吧喝酒。有一天当他半夜三更从酒吧出来转动着轮椅回家时，在一条人迹罕至的街道遭遇了劫匪。劫匪并没有因为他坐着轮椅就大发慈悲，照样动手去抢他的钱包。这时候，脾气很坏的梅尔隆很不理智地拼命抵抗并且大声呼喊，这种举动惹怒了劫匪。他们看到梅尔隆行动不便，居然放火烧他的轮椅，然后扬长而去。

眼看半夜的路上没有人可以救自己，强烈的求生本能使得梅尔隆想要逃跑，他忘记了自己不能行走，拼命挪动身体想要离开燃烧的轮椅。结果，他站了起来，居然跑了半条街。当他逃出去很远之后才想起来，自己不是已经残疾了吗？就这样，梅尔隆发现自己从此能够和正常人一样行走了，他也找到了一份工作，开始了新生活。

如果说梅尔隆是在求生本能的驱动下被迫激发出潜能，那么下面这个老太太的故事可以让你知道，并不一定要在生死关头才可以挖掘出自身潜能。只要你愿意，潜能随时准备好了为你服务。

这位名叫胡达·克鲁斯的老太太，在自己的70岁生日宴会上突然发现，自己正在享受着有生之年中最年轻的一天。"那么，我在最年轻的日子里，应该做些什么呢？我的人生中有什么遗憾？有哪些事情从来没有做过呢？"在这种自我反省和追问中，她发现，自己70年来还没有试过冒险登山！她所说的登山不是游山玩水式的爬台阶，而是真正地攀登高山险峰，像真正的登山者那样。

于是，她去了一家登山运动俱乐部准备报名参加培训。面对70岁高龄的老太太，出于安全因素考虑，俱乐部经理理所当然地拒绝了。但胡达说服了经理，开始和其他年轻人一起参加培训，和他们一起去攀登一座座险峻的高山。

在此后的25年间，在人生中最年轻的每一天，胡达都在拼命试图填补自己感到遗憾的这一项空白。在95岁那年，她居然还登上了日本的富士山，轻轻松松打破了攀登富士山的最高年龄纪录。

70岁才开始的攀登生涯，对大部分人来说，称得上是奇迹了吧？但奇迹是人创造出来的，它只是努力开发潜能的一个别名而已。胡达·克鲁斯老太太的壮举验证了这一点。

相信大家都有所体会或者有所耳闻，人在生死关头或者遇到绝境险境的时候，往往会爆发出非同寻常的力量。当我们无路可退的时候，会产生强大的爆发力，这就是所谓的潜能。这也证明了我们体内本身就拥有这些能量，否则任何危急情况也不足以让它产生。

　　只是，为什么非要等到危急关头才动用这些能量呢？我们可以像胡达老太太一样，自觉地开发大自然赐予我们的巨大潜能。梅尔隆和胡达的经历都能告诉我们，这种超常的力量往往与肉体关系不大，更多是与心智、精神层面有关。所以，从这个意义上来说，是你的思想决定了你的力量。如果你需要更多能量，请先让自己拥有更积极的心态。

　　虽然我们每个人表现出来的能力不同，但我们却拥有相同的潜能，由于它几乎是无穷无尽的，所以大小差异可以忽略不计。因此，你和这个世界上最聪明最富有最有权势的人一样，拥有同样巨大的潜能。也就是说，你与他们之间没有不可逾越的鸿沟，你们的差别仅仅在于，用脑程度的不同、潜能开发程度的不同。你所要做的仅仅是，想办法开发出自己身上原本就拥有的潜在能量。

自信是释放潜能的金匙

　　心理学家卢果曾经感慨地说过："我们最大的悲剧不是令人恐惧的地震、连年不已的战争……而是千千万万的人们活着然后死去，却从未意识到存在于他们自身的未开发的巨大潜能。"事实上，也许我们不是没有意识到，而是根本不敢相信。

　　早在100多年前，哈佛大学心理学博士威廉·詹姆斯就已经告诉我们，天才只是比普通人更大限度地开发了潜能。前苏联学者伊凡也告诉我们:"如果我们迫使大脑开足 1/4 的马力,我们就能毫不费力地学会 40 种语言,把整个大百科全书从头到尾背个滚瓜烂熟,还可以获得十几所大学的博士学位。"诸如此类的理论和言论并不罕见,只是我们看过听过之后就把它们丢在一旁,认为这一切与自己无关,我们根本不相信自己能够释放潜能。

然而,只有自信,才是打开禁锢潜能那道锁的钥匙。如果你相信我们每个人都拥有无限潜能,那么自然应该理解,为什么决定一个人一生的既不是环境也不是遭遇,而是他将这一切赋予怎样的意义。也就是说,他怎样看待自己的人生、在多大程度上相信自己,才是决定其人生高度的关键所在。

1927 年创建的布鲁金斯学会,一直以来以培育世界上最杰出的推销员享誉世界。学会的最高荣誉是一只金靴子,只有最伟大的推销员才能获得这一至高无上的荣誉。

2001 年,一位名叫乔治·赫伯特的推销员获得了这一荣誉,因为他成功地把一把斧头推销给了小布什总统。

原来,这家学会有一个历史悠久的传统。在每一期学员毕业时,学会都会留一道极具挑战性的题目给大家。在克林顿总统当政期间,他们的题目是"把一条三角内裤推销给现任总统"。8 年间,没有任何一名学员能够完成这一任务。小布什上任之后,题目换成了"把一把斧头推销给现任总统"。由于之前 8 年间有太多学员为上一道难题碰壁,因此很多学员根本不敢去尝试,他们认为这道题目也会跟上一道一样没有结果、没有人能做到。

但是乔治·赫伯特却不信这个邪,他相信自己可以做到。结果他真的做到了,而且根本没有想象中那么困难。他是这样做的:

"首先,我相信自己能将斧子推销给任何需要它的人,哪怕那个人是总统。其次,我认为把一把斧子推销给小布什总统是完全有可能的,因为他需要。小布什总统在得克萨斯州有一座农场,那里长着许多树。于是我给他写了一封信说：我有幸参观您的农场，发现那里长着许多树，有些已经死掉，木质已经变得松软。我想您一定需要一把斧头，但是以您现在的体质，这种小斧子显然太轻，因此您应该需要一把不甚锋利的大斧头。现在我这儿正好有一把这样的斧头，它是我祖父留给我的，很适合砍伐橘树。倘若您有兴趣，请按照这封信给出的地址，给予回复。最后他就给我汇来了15美元。"

在乔治·赫伯特成功后，布鲁金斯学会在表彰他的时候说："金靴子奖已设置了26年。26年中，布鲁金斯学会培养了数以万计的推销员，造就了数以百计的百万富翁，这只金靴子之所以没有授予他们，是因为我们一直想寻找这么一个人——他以不因有人说某一个目标不能实现而放弃，也不因某件事难以办到而失去自信。"

乔治·赫伯特的故事流传开之后，很多读者纷纷开始搜索布鲁金斯学会的网站，人们在网页上发现了这样一句格言："不是因为有些事难以做到，我们才失去自信，而是因为我们失去了自信，有些事情才能显得难以做到。"

事情的确就是这样，人生的高度往往是自信撑起来的。很多时候我们不是欠缺开发潜能的力量，也不是欠缺成功的筹码，而是欠缺自信与勇气。当你认为自己不行的时候，基本上你也就真的永远不行了。自信不仅是释放潜能的金钥匙，它本身更是人类最大的潜能。

著名登山运动员贝克·维赛斯有一段名言："珠穆朗玛峰用强大的身躯压迫和蔑视着我，但我不会屈服，我要报复这个不可一世的家伙。"相信吗？如果可以拿出这种豪迈的气魄与自信，你也能像贝克征服高山一样，解决你人生中遇到的各种问题。

信念是一种无形的力量

在你心中,信念是怎样存在的呢?心理学家认为,信念是意志行为的基础。如果没有它,人就不会有意志,更不会有积极主动的行为。人们需要信念,是因为他可以激发出我们潜在的体力、智力、精力以及各种能力,并且激励我们采用尽可能正确的观点、策略去行动。所以,简言之,它是一种心理动能、一种强大的内在力量。

只是,坚定的信念不是人人都有的。我们总是在坚持与动摇中徘徊不定,在前进与退缩间摇摆不安。正因为绝大多数人都是这样,所以那一小部分能够坚持信念的人尤其可贵,正是他们,为我们缔造出一个又一个奇迹,给我们正面的能量。

也许还有人记得 1989 年的洛杉矶大地震,在那场里氏 6.9 级的地震中,短短 4 分钟时间内,有约 30 万人受到了伤害。在这次地震中,一位父亲安顿好受伤的妻子后,不顾危险往外冲。他要去找自己的儿子,7 岁的儿子现在正在学校上课。在一片狼藉中,早已分辨不出街道昔日的模样,他凭着记忆来到了熟悉的地方。没有什么奇迹出现,儿子上课那座漂亮的教学楼和别的建筑一样,变成了一片废墟。

在那片废墟面前,已经站了不少孩子的家长,他们有的号啕大哭,喊着自己儿子、女儿的名字,有的满脸沮丧。大家都相信,他们的孩子不可能活着了。

看着面目全非的教学楼,这位父亲也感到深深的绝望。他痛哭失声,哭喊着儿子的名字。可是这时候他想起了自己经常对儿子说的一句话:"不论发生什么,我总会跟你在一起!"于是他站起来走向那堆毫无生命迹象的废墟,他知道儿子上课的教室在整栋教学楼的右后角,于是找到那个角落,开始动手挖了起来。

旁边的其他父母一开始无动于衷地看着他疯狂的举动,然后开始有人劝他,大家说,孩子们已经去了天国,他这样做无济于事,要冷静面对现实等等。他手上的动作没有停止,只是抬起头来问大家:"你们肯不肯来帮我?"没有人回答,大家都沉默。

他低下头捡起从废墟中找来的临时工具接着挖,这时候,消防员也来劝他,说这里太危险了,这片废墟随时有可能起火爆炸,请他离开。他只是问:"你肯不肯来帮我?"消防员摇摇头走开了。

他接着挖,直到警察也来劝阻他。警察说,要为他的生命安全负责,这里随时有可能发生余震,他这样做太危险了。他只是问他们:"你们肯不肯来帮我?"警察同情地望着他摊开双手,摇摇头叹息着继续去忙。

他只是在那里不停地挖。没有人再来劝阻他。几个小时过去了,他满脸灰尘狼狈不堪,人们都以为他是疯子。可是人们也被这个疯子打动了,开始有人前来帮他,渐渐地,越来越多的人加入到这个队伍中,他们一起动手在废墟中进行着看似无望的努力。

又是几个小时过去了。这时候,他突然听到了儿子的声音从下面传出来:"爸爸,是你吗?"

这真的是儿子的声音!他激动地大声回答:"是我,儿子,爸爸在这里!"然后他也兴奋地朝着人群大声嚷道:"他还活着,我就知道,我的儿子还活着!"

受到鼓舞的人群开始更加卖力地挖掘。与此同时,狂喜的父亲也在和儿子对话:"孩子,你还好吗?"

"爸爸,我很好,我就知道你会来救我的。"

"那你的同学还好吗,孩子?"

"我们这里有14个人,大家都很好。我告诉大家不要害怕,只要我爸爸还活着,就一定会来救我们。因为他说过'无论发生什么,我总会跟你在一起!'我们躲在教室的一个墙角,房顶上塌下来一个大三角形,正好替我们挡住了碎石头。可是我们又渴又饿又害怕,现在好啦,爸爸。"

听到这番话,所有人都无比激动。14个鲜活的生命,就这样被救了出来,只因为一个孩子和一个父亲的信念，他们相信在任何时候，对方都不会放弃自己，不会放弃对生命的追求。于是他们一起见证了信念的力量，也见证了奇迹。

爱因斯坦告诉我们："由百折不挠的信念所支持的人的意志，比那些似乎是无敌的物质力量具有更大的威力。"信念是一种怎样的力量呢？这种无形的力量，可以让你身处泥淖的时候，依然能够抬头仰望星空，感受到宇宙的浩瀚并且从中汲取力量，让自己鼓起勇气走出泥潭；这种无形的力量可以让你身处险境的时候，也会相信只要自己不放弃努力，一切就都有可能；这种无形的力量还可以让你即使屡屡遭遇不幸，依然能保持崇高的心灵，依然能够在黑暗中追寻光明。

虽然并不是每个人都有坚定的信念和坚强的意志，可是它值得你去追求、重塑，正如林肯所说，"喷泉的高度不会超过它的源头，一个人的事业也是这样，他的成就绝不会超过自己的信念。"

挖掘体内的金矿

著名作家科林·威尔逊曾经满怀激情地写道："在我们的潜意识中，在靠近日常生活意识表层的地方，有一种'过剩能量储藏箱'，存放着准备使用的能量，就好像存放在银行个人账户中的钱一样，在我们需要使用的时候，就可以派上用场。"

这个"过剩能量储藏箱"，就是我们每个人体内天然的金矿。只是，想要开采里面的矿产，首先我们要找到矿藏所在，然后还要想办法把它挖掘出来。

事情说起来很简单,但一点都不容易。首先,你知道或者说你相信自己体内有这样一座金矿吗?然后,你曾经试图寻找过它吗?我相信很多人根本都不知道这座金矿的存在,更别提努力去挖掘它了。我们大多数人每天都在这个世界上寻宝,希望找到一处让自己变成大富翁的宝藏。那宝藏,可能是一个一举成名的角色,可能是一张中奖的彩票,也可能是你购买的某一只股票。但如你所知,在有限的资源中功成名就的毕竟是少数。大部分人都找不到金矿。可是,与其这么努力地在外部世界寻找,何不试试从自己入手,试着寻找自身的金矿?

有位秘鲁移民来到了美国田纳西州,他购买了一处房产,房产附近有一片大约6公顷的林地。他认为这片山林环境不错,空气清新,于是选择了这里的房产。

在这里住了没多久,美国西部掀起了淘金热。看到很多淘金人一夜暴富的新闻之后,他按捺不住心中对财富的渴望,卖掉了所有家产,包括他很喜欢的房子和山林,全家迁到了西部开始淘金生涯。这一次,他买了90公顷的土地进行钻探,希望在自己拥有的这片土地下面有梦寐以求的金矿,哪怕是铁矿也行。

可是和大多数人一样,他经历了从狂热的希望到彻底的绝望这个过程。他花了5年时间,投入了大量资金进行勘探、开采、挖掘,可是没有任何结果。当然,如果一定说有结果的话,那就是他原有的家产也差不多被花光了。满心沮丧的他离开西部,重新搬回了田纳西州。

有一天,他想起了自己原本的住所和那片山林,就动身前去故地重游。远远地,他就听到了机器的轰鸣声。再走近一点,原本自己房屋所在的地方,工棚林立。原来,他卖出去的山林地下有一座大金矿,现在新的主人正在挖山淘金。而且,那里还是一座难得的富矿,也就是今天有名的门罗金矿。

在为那位秘鲁移民感到惋惜的时候,你有没有想过,自己是否也曾错失这样的金矿？我们不断地在外部世界寻找，结果往往是一无所获，但却不曾试图探寻自己身上是否有金矿。难道不是这样吗？

这个世界上的每一个人，都拥有自己独特的天赋，只是我们自己可能不知道罢了。有时候是我们像那位秘鲁移民一样没有发现金矿，有时候则是我们像下面的农夫一样缺乏慧眼，没有能够辨识出那些非常有价值的东西，以至于留下无尽的遗憾。

这位农夫有一天遇到了一个旅人向他借锄头。农夫有点好奇，这位明显是旅客打扮的人要锄头做什么？于是就跟着他出去看。只见旅人来到离他家不远的草地上，开始动手挖一株小草。农夫大失所望："我还以为你发现什么稀罕宝贝了呢？这种小草我们这儿的人谁都不要，割回去喂牛，连牛都不吃。"说完他就摇着头走了。

可是农夫不知道的是，那位旅人挖的所谓小草，名叫佛兰，是兰花中的珍品。旅人把挖出来的几十株佛兰拿到花卉市场去卖，赚了一大笔钱。

很多时候，我们身上的某种才能、潜力就像是佛兰一样，假如你是农夫会觉得它毫无用处，可是假如你是旅人呢？我相信你一定愿意扮演旅人的角色，拥有能够辨别宝贝的眼睛，所以，你需要一定的见识和眼光，甚至经验、智慧、信息资源。当然，最重要的是，你要有信心和信念，相信自己身上真的有这样一座金矿，这样你才有可能足够投入地挖掘。

那么现在，你可以问自己一个问题了："在我死后的葬礼上，会有人发表一篇演讲，这时候我希望听到他们说些什么呢？"

回答完这个问题，你可以问自己另外一个问题："到目前为止，在我的人生中，有哪三样最大的成就？"可以是某次考试的所有科目全A，也可以是考上自己理想的大学，还可以是作品第一次出版等等。想想看，是哪些能力帮你获得了这些成就。这样做的目的是帮你了解自身发展趋势并且找到自身潜能所在。

然后，你要做的就是，把刚才列举出来的所有长处写下来，放在一个显眼的地方，随时随地多问问自己："我该怎样做才能更好地发挥这些长处？"当你的长处越来越得到彰显之时，你自身的金矿也在不知不觉中得到开采，它们璀璨的光芒足以照亮你的人生。

提高对自己的期望

"认识你自己"是刻在德尔菲阿波罗神庙里的三句箴言之一，作为哲学最基本的命题之一，对自己有一个清晰的认识一直是解决很多问题的先决条件。在规划自己的未来与现状时，我们都需要对自己有一个准确的定位。只是，假如你去问哈佛的教师和学生，他们都会告诉你，对自己的定位可以准确，但对自己的期望一定要高一些。

罗森塔尔是哈佛大学的著名心理学家，他曾经做过一个更著名的实验。

他把实验室的小白鼠分成两组，把其中的一组（A组）交给一个实验员说："这一群小白鼠是属于特别聪明的一类，请你来训练"；他把另一群（B组）小白鼠交给另外一名实验员，告诉他这是智力普通的小白鼠。

然后他就撒手不管了，任由这两位实验员按照规定好的步骤对这两群小白鼠进行训练。一段时间后，罗森塔尔教授对这两群小白鼠进行测试，测试的方法是小白鼠穿越迷宫，结果发现，A群小白鼠比B群小白鼠聪明得多，都先跑出去了。

然而事实上，当初罗森塔尔在对这两群小白鼠分组时，完全是随机区分的，他自己也根本不知道哪只小白鼠更聪明。可是，当实验员认为这群小白鼠特别聪明时，他就用对待聪明小白鼠的方法进行训练，结果，这些小白鼠真的成了聪明的小白鼠；反之，另外那个实验员用对待普通小白鼠的办法训练，也就把小白鼠训练成了成绩平平的小白鼠。

得到实验结论之后，罗森塔尔开始把这个实验扩展到人身上。他和自己的搭档雅各布森一起来到了一所小学。他们对校长和教师说明，要对学生进行"发展潜力"的测验。他们在6个年级的18个班里随机地抽取了部分学生，然后把名单提供给任课老师，并郑重地告诉他们，名单中的这些学生是学校中最有发展潜能的学生，并再三嘱托教师在不告诉学生本人的情况下注意长期观察，如果可以的话最好记录这些学生的表现。

过了8个月，他们回到这所小学进行后续研究。实验的结果让他们惊喜不已：名单上的学生不但在学习成绩和智力表现上均有明显进步，而且在兴趣、品行、师生关系等方面也都有了很大的变化，当然，这种变化都是良性的。

在人身上进行的实验和在小白鼠身上实验得出的结果是一致的，于是罗森塔尔把研究结果公之于众，它被称为"罗森塔尔效应"，还被称为"期望效应"和"皮格马利翁效应"。说的就是，我们会受到某种期望或预言的暗示，从而让预期得以实现。

想想看，别人提高了对你的期望，就能达到如此的效果。假如换做是你自己呢？简单来说，你期望什么，就会得到什么。你得到的往往不是自己想要的，而是你内心真正期待的。所以如果你充满自信地期待自己，就真的能让自己如愿以偿，这不是天方夜谭。

哈佛大学音乐系的一位教授总是在第一次上课时就拿给学生一份乐谱，对学生们来说这份乐谱是相当有难度的。等到下一周上课时，绝大多数学生们还不能掌握。

"很难吗？你们还没掌握吗？没关系，我们进行下一步练习。"然后教授会给学生们另一份乐谱，学生们原本以为这份会简单一些，没想到比上一份更难。他们练习起来感觉很困难,错误百出,技巧生涩,简直让人听不下去。

到了第三周上课的时候,教授听了大家的练习情况,提都不提应该如何改正错误提高技巧,只是把另外一份难度更高的乐谱发给大家。

就这样过了好几周,学生们一直都在硬着头皮练习这些难度越来越高的乐谱,直到他们实在觉得无比沮丧,开始质疑自己是否有学习音乐的天赋并且怀疑老师的教学方法。于是,在新的一周开始上课时,有位学生毫不客气地质问老师:"您这样做合适吗?"

教授看看他,没有辩解什么,只是拿出开学第一周发给大家的那份乐谱,对他说:"请你把这首曲子弹奏一遍。"学生拿着那份他认为有难度并且当初没能练习好的曲子弹了起来,出乎他自己和所有同学的意料,他居然把曲子非常流畅地弹了下来,而且听起来美妙动人,连他自己都被感动了。然后教授又把第二周的曲子递给他,他同样表现出了相当高的演奏水准。他和他的同学简直都不相信这是真的。

望着惊讶的学生,教授若无其事地告诉大家:"我这样做,只是不想让你们停留在自己擅长的区域,否则你们很难提高自己。我知道乐谱的难度越来越大,你们认为自己目前的水平难以胜任,可是听到了吗?你们对自己应该有更高的期望。"

关于这个道理和现象,行为学家吉格勒指出过,所以它后来被命名为"吉格勒效应"。说的就是,一个人对自己的期望越高,目标越远大,人生就越容易成功。为什么呢?因为这些人对自己的起点和终点都非常清楚,他们一直在朝着更高的目标走去,即便因为种种客观原因,实际到达的高度比期望值略低一点,但也已经相当高了。所以,提高对自己的期望,设定一个较高的目标,是开发自己潜能的一个重要组成部分,也是成功的开端。

没有目标的船，哪儿也去不了

哈佛大学曾经做过一项非常有名的调查，内容是关于目标对人生的影响。他们选择了一群智力、学历、生活环境等条件差不多的年轻人，用了25年时间进行跟踪调查。结果相当有意思也相当令人惊讶。

在这群人中，有27%的人没有目标，60%的人目标模糊，10%的人有清晰但比较短期的目标，3%的人有清晰且长期的目标。25年后，那3%的人，几乎都成了创业者、行业领袖、社会精英等社会各界的顶尖成功人士；那10%的人，大都生活在社会的中上层，从事医生、律师、工程师、高级主管等职业；那60%的人，几乎都生活在生活的中下层，没有什么特别的成绩。那27%的人，则几乎都生活在社会的最底层，生活都过得不如意，常常失业，靠社会救济，并且整天都在抱怨。

对于这个调查，你有何感想？25年之后，你希望自己处于哪个社会阶层，希望自己拥有怎样的人生？如果说这个调查还不能让你对目标的价值有更直观的感受，那么我们来看哈佛大学心理学家做过的另一个实验。

他们把志愿者随机分为三组，让他们前往10英里外的格斯小镇。他们的目的地相同，路程也相同。

第一组人被告知了目的地的名字和具体路程。他们所走的道路旁每隔1英里就有一块路标，标出与下一块路标之间的距离以及到达格斯小镇还有多远。这一组人说说笑笑，情绪高昂。到达目的地用的时间最短，体验最愉悦。

第二组人所走的道路旁没有路标，所以虽然他们也知道小镇的名字和路程远近，但不知道自己究竟走了多久，还有多远。当然，会有一些有经验的人告诉大家大概走了多少路程，但还是有很多人士气低迷，觉得疲惫不堪。

第三组人所走的道路旁不仅没有路标，而且他们根本不知道自己要去哪里，路程有多远。心理学家只告诉他们跟着向导走就可以了。结果才走了两三英里，就有人叫苦不迭。走了四五英里，就有人无比愤怒，大多数人开始抱怨；他们的情绪越来越低落，走到七八英里，有人干脆表示不愿意再走了，于是很多人都纷纷放弃。

　　显然，有没有目标，差异是非常显著的。假如你是一艘在大海中航行的小船，那么目标就是灯塔。它的意义在于，不仅仅可以给你希望和指引，更可以让我们拿它与自己的行动不断进行对比，从而对自己的位置、距离、速度、方向等有更明晰的认知，让我们的动机得到维持和加强，因而更有力量克服困难。

　　有一个6岁的小女孩名叫莎拉，她有一个4岁的弟弟迈克尔。他们都非常喜欢小狗，于是父母商量决定为他们养一只小狗，而且还专门请了一位驯兽师来训练小狗。

　　来到他们家之后，驯兽师看了看小狗，然后问莎拉的父母："小狗的目标是什么？"夫妻俩无比惊讶，面面相觑，他们一脸迷惑地嘟囔着说："一只小狗还有什么目标？它的目标当然就是当一只狗了！"他们实在想不明白，一只狗还需要目标？

　　反倒是一旁的莎拉说："他的目标是成为我们家的一员，作我和迈克尔的好朋友。"

　　驯兽师微笑着朝莎拉点了点头，然后极为严肃地对她的父母摇摇头说："每只小狗都得有一个目标，否则我们根本没法训练它。你们是想训练它守门，还是为了和孩子们一道玩耍？或者只是作为你们的宠物？我必须知道这些。这就是它的目标。"

　　父母商量了一下，认同了驯兽师和莎拉的话。于是在精心训练下，这只小狗很快成了孩子们的好朋友，可爱、忠诚、敏锐的它，也真的成了这个家庭中不可缺少的一员。

　　更重要的是，在小狗事件中，莎拉的父母学会了教育孩子的一条重要原则：

让他们做任何事情之前，都为他们确定目标。比如，让他们学钢琴，到底是为了成为音乐家，还是为了培养对音乐的爱好、对艺术的感知？

最终，他们的教育成果相当喜人：莎拉长大后成了一家电台的主播，成了全国著名的主持人。而迈克尔则成为纽约市市长，他就是纽约第 108 任市长迈克尔·布隆伯格。

一只小狗都需要有自己的目标，更何况是人呢？如果说人生是一场航行，那么只有那些有目标的人，才有可能到达目的地。否则在一片汪洋大海上，一只小船只会迷失方向漫无目的地漂荡。而且，谁都知道顺风行驶会又轻快又省力，可是假如你不知道自己的方向在哪里，那么任何方向吹过来的风，都不可能成为你的顺风。

让目标驱动你的生活

一位哈佛大学医学院的教授曾经给我讲过一个有趣的现象。他说，自己的同行对活到百岁以上的老人进行过研究，希望找出他们的共同特点。他让我猜猜，这些人为什么能够长寿。我把"运动、素食、戒酒、规律作息"等常见的理由列举了好多，他摇摇头说："这些人在饮食和运动方面没有什么共同特点，有的人爱吃肉食，有的人是素食主义者，有的人酷爱运动，有的人讨厌运动。但是他们有一个共同特点——有人生目标，这让他们活得兴致勃勃。"

拥有人生目标，未必能让我们活到百岁以上，但它一定可以作为你生活的驱动力，增加你人生的胜算。因为，正如我们所有人知道的那样，当你确立目标之后，它就会在两方面同时起作用：一方面成为你努力的依据，提醒你不断前进；另一方面它还能给予成就感。更重要的是，它会让我们不再质疑人生的意义，让你看清楚自己的使命。不管你是否喜欢这个世界，你都可以为自己确立目标从而改善自己的生存环境。而没有目标的人，只是生活在一个他们不满意并且无意改变的世界上。那么，他们怎么可能拥有更好的人生呢？

从大的方面来讲，目标可以为人生提供驱动力，引导我们发挥潜能。具体来说，它还可以帮我们更好地安排日常生活中每一件事的轻重缓急，不至于让我们成为琐事的奴隶。它还有助于评估进展，使我们把重点从工作本身转到工作成果，让我们有能力把握现在。

那么，既然目标如此美妙，我们该怎样用它来驱动自己的人生？我们该做些什么呢？

首先，我们的目标要远大。一个把目光放在小丘陵上的人，无法攀登上险峻的高峰。正如约翰贾伊·查普曼所说的那样："世人历来最敬仰的是目标远大的人，其他人无法与他们相比——贝多芬的交响乐、亚当·斯密的《国富论》，以及人们赞同的任何人类精神产物。"有了远大的目标，才能有伟大的成就。

其次，我们的目标必须是具体的。"我想要成为总统""我要赚好多好多钱""将来我要买一座很大的别墅"这些目标都不是非常明确。因为它们太笼统了，不够具体，因此很难发挥出目标的导向作用。所以，在设立目标时，只用"大""好""多"这样的词汇还不够，你需要把自己心中的期望具体到细节然后表现出来。这并不是在向你提苛刻的要求，而是有事实依据的。曾经有人做过实验，他对报名的志愿者进行跳高测验，拿到成绩之后，把他们随机分为两组接着练习跳高。这时候，他们的平均成绩是不相上下的。对第一组，他说："我看到你们的成绩了，但研究结果显示，你们每个人都能跳过 6 英尺 5 英寸。"对第二组，他说："我看到你们的成绩了，但研究结果显示，你们每个人都能跳得比现在更高。"结果，第一组练习者虽然不是所有人都跳过了 6 英尺 5 英寸，但成绩明显要高于第二组。可见，目标是否具体，对人产生的影响是非常微妙而巨大的。

最后，我们的目标不能经常变动。试着在一个最热的天气，从商店里买一把放大镜和报纸，然后在太阳底下，让放大镜放在报纸上方，与它保持一小段距离，然后让放大镜和报纸都保持固定不变的位置，也就是说，让放大镜聚焦的目标不变，那么过一会儿你就能看到报纸燃烧起来。但是倘若你左手拿着的报纸和右手拿着的放大镜有一个或者两个不断移动，那么，不管你在太阳下晒多久，报纸都是无法点燃的。同理，背着很多猎物回家的猎人，每次开枪都只会瞄准一只鸟，把它打下来之后才会把目标换到另一只身上。也就是说，不管你有多么旺盛的精力，多么充足的时间，多么惊人的才华，倘若你的目标不断变动，那么永远也无法取得惊人的成就。

那么现在，我们可以给自己制定目标了。拿出纸笔，问自己下面这些问题，然后把答案写下来。

① 我有什么才能或者天赋？

② 我的经历有哪些与众不同的地方，这反映出了什么事实？

③ 我能做出哪些不同寻常的事情？

④ 哪些东西或事情让我充满激情和热情？

⑤ 我们今天这个时代以及我身处的环境有什么特点？

⑥ 与我以及我父母来往的人，有哪些是非常出色的？

⑦ 我自己有哪些强烈的欲望想要得到满足？

⑧ 假如抛开一切现实因素，你希望自己一生成就的最伟大的事情是什么？

问完自己这些问题，相信你会对自己有更深刻的认识，也对自己的目标有更清晰的勾勒。在以后的每一年中，你都可以重新问自己一遍这些问题，然后在此基础上对你的目标进行修正或补充，但我不希望出现完全改变或者经常有大的改变的情况。

最后,也是最重要的,为自己确定目标之后,要动手去做,坚持去做!

积极的心态会帮到你

我相信任何一个懂得"积极"和"消极"含义的人都明白,积极的心态更有助于我们实现对幸福人生的追求。只是,在谈论别人的问题、在风平浪静的时候我们明白这一道理,一旦遇到事情,而且是发生在自己身上的事情时,我们的表现却不那么令人满意。

那么,你认为自己的心态积极吗?让我们假设一下,假如你家中遭遇窃贼,丢失了很多东西,这时候你是什么反应?我们来看看罗斯福是怎么做的。他家中失窃以后收到了朋友劝慰的来信,他是这样回信的:"亲爱的朋友,谢谢你来信安慰我,我现在很平安,感谢上帝。因为,第一,贼偷去的是我的东西,而没有伤害我的生命;第二,贼只偷走了我部分东西,而不是全部;第三,最值得庆幸的是,做贼的是他,而不是我。"

这就是积极的心态。在一切都非常顺利时,身为幸运儿的我们很容易保持乐观的心态。但当我们遭遇了命运不公平的对待,最有理由抱怨甚至咒骂时,假如我们依然能拥有平和的心境、乐观的态度和阳光般的笑容,那么这才能说我们真正拥有了积极的心态。

一个梦想成为赛车手的年轻人在服完兵役之后,决定为自己的梦想全力以赴。他选择了作卡车司机来维生,然后参加了一支业余赛车队来训练自己的技能。只要有机会遇到比赛,他都会想尽一切办法参加。因为拿不到好的名次,他在赛车上的收入几乎等于零,但是投入的资金却相当多,这也使得他的经济状况相当糟糕,欠下了不少债务。但他相信自己一定能成为伟大的赛车手,那时候这些债务都不成问题了。

终于,在威斯康星州参加的一次比赛给了他很大信心,让他看到了希望。在那次比赛中,赛程进行了一大半时他位列第三,看起来他很有希望在这次比赛中拿到不错的名次。然而,突然,在他前面的两辆赛车相撞了,年轻人迅速转动方向盘想要避开他们。但终究因为车速太快,未能成功。结果,他撞到车道旁的墙壁上,赛车在燃烧中停了下来。当他被救出来时,手已经被烧伤,鼻子也不见了。体表烧伤面积达百分之四十。在经历了7小时的手术之后,他终于活过来了,然而手却变得像僵硬的鸡爪一样,手指根本无法伸直。

医生向他宣布了一个残酷的消息:"我们已经尽力了。但鉴于目前你双手的情况,以后你再也不能开车了。"对他来说,这等于否定了他之前人生所有的努力以及之后人生努力的方向与意义,所有人都认为命运对他太不眷顾了。

然而仅仅9个月之后,人们在赛场上再次见到了他。接受了一系列植皮手术的他,为了恢复手指的灵活性,每天不停地练习,用手指的残余部分去抓木条,有时疼得浑身大汗淋漓,但他仍然坚持着,为了自己的梦想,以最乐观最积极的态度。终于,做完最后一次手术后,医生修改了结论,认为他依然可以开车。于是他回到农场找到一份开推土机的工作,把刚植完皮的手掌磨出老茧,然后继续练习赛车。

可是,付出了巨大代价、重新出现在赛场上的他并没有拿到让人兴奋的成绩,他依然没有获得名次。因为他的车中途意外熄火了。承受着巨大经济和精神压力的他并没有因此放弃,在随后的一次比赛中,他拿到了第二名的好成绩。

又过了2个月,他重新回到了当初那个发生事故的赛场。这一次,他用冠军的成绩向人们、向自己证明了他的努力和坚持的意义。现场的所有观众疯狂地热情欢呼，高喊着吉米·哈里波斯，这是他的名字。

也许你也听过这个颇具传奇色彩的伟大赛车手的名字，那么现在你认为他的成功是靠哪些因素呢？这个世界上从来不缺有才华、有天赋的人，可是处于金字塔顶的成功人士永远都寥若晨星。为什么呢？不是因为命运女神格外垂青他们，也不是因为他们比你拥有更多的资源、更高的平台，往往只是因为，他们在所有人都满心沮丧想要放弃的时候告诉自己，即便身处泥淖也要抬头仰望星空，因为希望永存。

年轻的你，对人生的种种遭遇、对你的未来和现状正在用一种怎样的心态和视角来对待？面对阳光和鲜花，也许你会满怀感激，认为人生充满了美好和希望。但对于荆棘和乌云呢？你是在它们面前变得畏缩软弱，变得冷酷坚硬，还是依旧乐观感恩？所有让你不舒服、不适应、不习惯的时刻，都是成长的契机，也正是考验你心态的时刻。在这些时刻依然能够保持积极心态，你才能算得上拥有它，它才能真的给你莫大的帮助。

暗示自己，你能做得更好

假如别人或者你暗示自己，你能做得更好时，会出现怎样的情形呢？假如你告诉自己，你是自己所在学校中最有发展潜能的学生，那么你很有可能真的如此。根据心理学家巴甫洛夫的理论，"暗示是人类最简单、最典型的条件反射"，也就是说，即使我们自己心里非常清楚这种暗示只是一种主观的意愿和假设，不一定或者根本没有根据，但是由于实际上我们主观上已经肯定了它的存在，那么潜意识也就会尽力趋向于这些内容。

比如，认真想象一下，你正在切开一个刚从树上摘下来的、芳香四溢的橙子，现在你拿起它，感受到甜美的橙汁正在流向你的咽喉，而你的舌头正在感受果肉的质感，怎么样？是不是感觉已经有唾液分泌了呢？这就是一种条件反射。同样，你暗示自己充满活力，暗示自己无比聪明，也会有同样的效果。

所以，不要认为暗示是一种自欺欺人的把戏，它是一种非常有效的激发潜能的工具。我们常常听到的谚语"如果你想无所不能，那就装得无所不能吧"也正是基于这个道理的。因此，如果你想要让自己拥有更好的状态，不妨给自己一点暗示。

第二次世界大战时期，心理学家在士兵中做过一个实验。他们请一处军营的军官提交一份表现不佳、不听指挥的新士兵名单。然后，心理学家请这些人每2周给自己的家人写一封信，信件的内容是描述自己在前线表现英勇、服从命令听从指挥、长官对自己赞许有加、自己不断立功受奖等等。半年之后，心理学家再去调查时发现，这些士兵发生了明显的变化，他们真的像自己在信中描绘的那样去努力了，因此表现良好。

这就是积极的自我暗示的作用。不管一开始是受到外界驱动还是自己自觉自愿，倘若坚持下去，都能看到卓越的成效。

有一位名叫约瑟夫·墨菲的人，他本来是个化学家，由于经常和化学药品打交道，不幸患上了皮肤癌，久治不愈反而更加恶化。眼看医生已经束手无策了，墨菲干脆放弃了治疗，改为每天虔诚地祈祷两三次，每次大约5分钟。每次祈祷时，除了祈求上司保佑，墨菲还给自己增加了一项内容，即告诉自己这该死的皮肤癌一定会被自己打败，自己一定能重新获得健康。3个月后再去检查，医生惊讶地发现他的绝症居然已经痊愈了。

从此以后，化学家墨菲改行开始研究潜意识问题，他写了一本名叫《潜意识的力量》的书，据说影响了世界各地的数百万人。

那么，墨菲的病是怎样好起来的呢？你相信是祈祷的力量，还是自我暗示的力量？墨菲自己相信，是积极的暗示、反复的暗示让自己的潜意识接受了使病症痊愈的信号，结果病真的就痊愈了。因此，越来越多的人都在学习利用这一技巧。

瑞士有一位艺术家，他想要帮助那些饱受失眠困扰的人们，于是雕刻了一尊睡眼蒙胧、正在打哈欠的雕像。这座雕像的表情是如此逼真，以至于那些失眠者看着它，不久就也开始打瞌睡了。无独有偶，我见到一家电视台也是这样做的。它们在全天节目结束之后，在屏幕上会显示"晚安"，然后出现一个昏昏欲睡、不停打哈欠的人，用来帮助那些在深夜无眠的人们尽快入睡。而某个城镇为了让乘客安心等待公交车，就在公交站牌放上几尊排队候车的石膏雕像。结果证明，它们可以有效培养乘客的耐心。

当然，暗示有积极的，也有消极的。我们需要做的是尽量摒弃消极的暗示，向自己内心输入积极的自我暗示，让这样的信息循环往复，从而形成积极的心态，拥有更正面的行动。那么现在就让我们一起来看看应该怎样给自己有益的暗示。

把自己的优点放大。尽可能多地列举自己的优点并且把它放大，让自己感觉良好。

把消极因素淡化。比如，尽可能避免使用消极字眼，了解自身的缺点但绝对不将其放大，出现负面情绪时第一时间想办法化解等等。

给自己设置积极的暗示语。比如"我很高兴！""我一定行！""我能做得更好！""我越来越进步！"等等，每天睡前和起床后，默诵或者大声读出你的暗示语，与此同时，你一定要投入感情，假装自己真的是这样，并且还可以伴随一定的体态语，让自己感觉到力量。

此外，你还可以把充满鼓励和期望的暗示语进行录音，然后在睡觉前将其打开，并伴着这种声音睡去。由于人在尚未睡熟或彻底清醒之前，是潜意识最活跃的时期。在这种状态下，暗示会收到明显的效果。所以，千万不要错过这些时机。

清除思想中的负能量

假如现在我用火红滚烫的木炭铺成一条道路，让你光着脚从上面走过？你愿意尝试吗？你相信自己能毫发无损地走过去吗？

在你的想象中，那将是极为恐惧的场面，光着脚从滚烫的木炭上走过！但事实上，它根本没你想的那样惊悚。成功学家安东尼·罗宾说："我们当中很少有人有过赤足过火的经验，但却有不少人见过他人赤足过火的场面，特别是在寺庙的拜火祭典中。当我们看见过火之人平安走过火堆之后，总以为是神明在庇佑那些人，或是有人预先在火堆中做了手脚，殊不知过火行为只要在妥善安排而不是使诈的情况下，人人都能平安走过。"

为什么呢？科学家会告诉你，踏在火红的木炭上时，甚至根本不需要奔跑，你只要步行的速度够快，就能让脚底不灼伤。因为我们的身体无比奇妙，在你的脚掌接触木炭的瞬间，就会立即分泌出汗水，形成一层绝缘体，在那层汗膜尚未蒸发前抬起脚掌，汗水便会吸收先前的热量而化为蒸气消失，从而使脚掌不会被烫伤。

那么，是什么让我们在木炭面前畏缩不前呢？是我们以往的经验吗？不是的，你肯定不曾有过类似的经历。是发生在别人身上的事实吗？也不是，你明明看到很多人平安走过了。其实，任何限制，都是从内心开始的。阻碍我们的，其实只是我们心中那些负面的能量，它会告诉你"不可能""不应该""不要"，从而阻止你去尝试那些自己并不了解的事情。

客观来说，这些负面能量不是没有作用的，它可以帮助我们避免接触一些危险，从而保护我们不受伤害。可是，当这些负面能量过多时，它会对我们保护过度，让我们不能放开手脚去进行更多的尝试和冒险，从而限制了我们拓展生命的某些可能性。

在撒哈拉沙漠中生活着一种沙鼠。每年的旱季到来之前，沙鼠总要囤积大量草根为度过这个艰难的季节做准备。因此,旱季之前的沙鼠总是特别忙碌辛苦,叼着草根在洞口进进出出。但问题在于当它们储存的草根足以度过整个旱季时,沙鼠们仍然在拼命工作,似乎不把草根咬断拖进洞穴就不能心安理得。假如人为阻止,它们会显得焦躁不安。

事实上,生物学家研究得出结论,沙鼠根本没有必要囤积那么多草根,它们的行为只不过是受到遗传基因的影响,那只是一种本能的但又没有意义的担心。

我们思想中的负能量就像是沙鼠的草根,它的存在有其合理性。但是就像沙鼠没有必要储存那么多草根一样,多余的负能量也是有害无益的,我们需要做的是承认负能量的存在,同时把自己思想中无意义的负能量清除掉。

不管是自卑还是愤怒,不管是沮丧还是抑郁,所有这些负面的情绪都充满了负能量,都是我们应该清除的对象。

那么,想想看,为什么别人的指责或者挫折以及某些我们不愿意看到的事实,会给我们带来这么强烈的负能量?不是因为对方的负能量多强大,而是我们自己的内心,本来就对外界的指责、压力有相当程度的认同和担忧。只是我们的意识不肯接受其存在,于是把它压制在潜意识里。当外界的影响施加在我们身上时,就会召唤出这些负能量,引起你强烈的情绪波动。

从这个角度来看,其实每一种负面情绪,都是我们自我反省、察觉以及清理负能量的契机。因此,当我们每一次感受到负面情绪时,都可以问问自己体内哪些负面的内在认定被触发了,而这种认定背后是你的哪些需要。如果能够从根本上解决这些问题,你就不容易被负能量左右了。而对于已经存在的负能量,清除它的最好办法,就是用正能量取代它。

有一任哈佛大学的校长,曾经有过一段有趣的经历。有一年当他感到心力交瘁时,请了3个月假,独自一人到了一个遥远的南部村庄。

就这样,他在村庄开始尝试一种全新的生活,他去农场打工、去饭店洗盘子。在田地做工时，背着老板吸支烟，或和自己的工友偷偷说几句话，都让他有一种前所未有的愉悦。最有趣的是，有一次他在一家餐厅找到一份刷盘子的工作，干了4小时后，老板把他叫来，跟他结账。老板对他说："可怜的老头，你刷盘子太慢了，你被解雇了。"虽然被炒鱿鱼了，可是这一经历并没有让他觉得沮丧，反而感到非常有趣。

3个月结束了，"可怜的老头"重新回到哈佛，回到自己熟悉的工作环境后，却发现以往熟悉的、不喜欢的东西全都变得新鲜有趣起来，工作居然成了一种享受。

这是一种独特的清除负能量的好方法，就像旅行一样，换一种生活状态，清除自己原有生活状态下累积的心灵负能量，然后再重新上路。这种轻松有趣的方法，你也不妨试试。

第五章 学习的能力是训练出来的

从广义的角度来看，每一天，这个世界上的每个人都在学习，似乎每个人都拥有学习能力。但事实显然不是这样的。那些被迫学习的人、简单接受知识而不知道消化的人、不懂得把所学知识推陈出新的人、不肯更新自己知识储备的人……我们很难说他们有良好的学习能力。真正善于学习的人，一定是那些随时随地注意观察，吸收各种可能的、潜在的信息的人。这样的人，才会拥有最具活力与潜能的大脑，才会拥有充满竞争力的学习能力。

你是一流的学习者吗

从出生到20岁之前,大多数年轻人的生活都是在学校度过的。可是,在这个看似漫长的学习生涯中,一直都是学习者的你,认为自己是一流的学习者吗?

假如我现在拿给你一本几百页的书,1小时后考察你的掌握状况,你认为自己可以交上怎样的答卷?不要以为这是在难为你,我认识一位哈佛商学院毕业的企业家,他会用这样的方式来招聘员工,理由是这样的。

"首先,这能考察候选人快速建立知识框架的能力。在我看来,超过90%的人学习能力都很糟糕。因为他们忽略了建立自己的知识框架的重要性。人们往往更习惯于扎进细节里。就像是盖房子,如果你搭好了框架,即使没有外墙、装修,也很容易分辨出来,这就是一栋房子。而即使你把所有的砖头、水泥板、钢筋、涂料堆到一起,它们也不能叫作房子。在这么短的时间内,一流的学习者会更关注于理解和建立整体的知识架构,一般的学习者只会在几百页当中'攒砖头水泥'。

"而且,这还能考察候选人抓重点的能力。我们都知道,1小时显然不可能看完所有的东西。现实也是我们往往缺乏足够的时间去学习。比如第二天要和客户谈一个自己都还没见过的产品,你只有一个晚上的时间,大多数时候,还得让别人觉得你很专业。知道学什么,甚至要比如何学更关键。很多人会把自己喜欢看书当作学习的例子。但是没压力地读点书,与在有压力的情况下快速地确定你的学习目标以及实现步骤是两回事。一流的学习者,在看书的时候,常常会根据自己的重点,和知识框架去决定自己的阅读重点。一般的学习者,常常是按照书籍的进度走。然后惊觉,啊,时间到了!

"除此之外,这种做法还可以考察候选人触类旁通的能力,以及相关知识积累的广度和深度。假如我让一个学文科的人去看程序开发的书籍,尽管他从来没学过编程,但是在1小时的阅读之后进行考察,我可以发现他在技术领域的积累、思维方式,以及触类旁通的能力。我们从来不是完全从头去学习新的知识,而是通过与已有事物的关联,来建立自己的知识体系。这种触类旁通的能力,又是学习的关键技能。"

听了他的话,我觉得非常有道理。一流的学习者,绝对不仅仅是一个只拥有全A成绩的优等生,他不止要有优异的学习成绩,更要有出色的学习能力。我们任何人所面对的未来,都是未知的。面对未知的挑战,想要搞定它,我们必须要学习,必须有学习能力。所以,学习能力是面向未来的,它必须有自主性、能动性和创造性。

在学校里,我们会见到这种人,甚至我们自己也是这种人,正在拼命地把很多知识塞进大脑。相信我,这个过程不会特别愉快而且效果也不会理想。因为我们的大脑喜欢的、擅长的是处理知识,而不是死记硬背。我们需要用自己的大脑来提出问题、管理知识,这样才有可能拥有真正的学习力,这样才有可能在面对未来的挑战时迅速找到解决策略。

所以,在我看来,更重要的不是学会知识,而是学会学习。因为,最有价值的知识,正是关于学习方法、学习能力的知识。。

2005年,哈佛大学柯伟林(W. C. Kirby)教授结合自己长期的教学实践,出版了专著《学习力》,他认为学习力应该是包括学习动力、学习态度、学习方法、学习效率、创新思维和创造力的一个综合体。此外,他提出学习力还包括兴趣、好奇心和创造等非智力因素。所以,显然学习力不仅仅包括学习方法,它是考量一个人在学习方面能力素质的一个综合指标。

也正因为如此，一旦你拥有真正的学习能力，你就可以跻身一流的学习者行列。为此，我可以给你的建议是：切记阅读是一切学习的基础。在此基础上，像婴儿一样训练自己的观察能力，并且勇于实践，你才能够以最快速度在最短时间内学到新知识，获得新信息，并且把这些知识与信息用于变革和创新以及解决问题中去。获得了这种能力的你，将是一个拥有持久增长力、强劲竞争力的人，才能距离梦想更近一步。

"好玩"是最好的老师

如果说学习本来就是很痛苦的事情，那么谁会喜欢学习呢？即使有一只狼在背后追着你逼迫你去学习，可是只要那只狼稍有松懈，你一定会懈怠自己的学习。而且这种充满痛苦、只是为了完成任务的学习过程，也很难获取对你人生有价值的财富。

所以，不管你喜不喜欢学习，都不要认为学习必然是痛苦的。它可以"好玩"，而且只有当你觉得好玩时，才会调动自己最大的潜能，专心于一个目标，不论干什么，在这个大原则下，你必将有所成就。正如雅克·玛丽泰恩在他的《教育向何处去》一书中所指出的那样："学习的内容永远不应当作为僵死的东西去消极地或机械地接受。这种僵死的知识只会使人的头脑变得呆板。相反地，学习的内容应当通过兴趣使之成为大脑的一部分，这会使大脑得到进一步的强化，就像扔进火炉中的木头，这块木头也会成为火焰，使炉火更旺。"

在很多大学我们都可以见到这样的现象：很多学生为了修够学分拿到学位，选修了大量课程，但是收获却不大。因为他们一般会把必修课、主修课放在清单的最前面，等到快要毕业时才会考虑给兴趣课一些机会。这也就决定了他们大学生活的前3年都无法去修自己感到好玩的课程，因而会觉得自己的课程乏味。所以哈佛不建议学生这么做，他们会建议大家把这几种课混合在一起选，让兴趣课与必修课相互调剂，这样才会让学习过程更加愉悦，收获也更大。

我们都知道意大利人伽利略是杰出的天文学家，那你知道吗？他的父亲是当时有名的数学家。可是，父亲凭自己多年的经验告诉儿子不要学数学，因为学数学是没有办法吃上饭的。于是伽利略听从父亲的意愿去学医，结果在学医的过程中发现了美术的天赋。他被教授和同学誉为"天才的画家"，他自己也很自豪。可是后来，在路过某间教室时偶然驻足听了一位教授的几何课之后，他对几何产生了浓厚的兴趣，就改学数学了，终于还是听从了自己的兴趣，违背了父亲的意愿。后来研究天文学、物理学，伽利略都是在兴趣引导下开始的。

在学习方面，好玩、有趣才是最好的老师。你自己感兴趣，就是最大的动力。假如你对音乐感兴趣，根本不需要有人逼迫，自然会关注乐器、声乐、演奏方面的书刊以及影像资料。兴趣可以让一切变得生动。但同理，假如没有兴趣，再神奇的学习方法也不可能达到最好的效果。唯有你自己发自内心地感到"好玩"，才能把所有枯燥乏味的东西变得活泼有趣。

就像达尔文一样，他对虫子充满了兴趣，觉得那些黑乎乎、很多腿的昆虫特别好玩。所以他经常会到伦敦郊外的树林里捉虫子观看。当一时情急腾不出手把虫子装进瓶子时，他还会把虫子放进嘴里。在很多人眼里，虫子有什么好看的？更别提把它放进嘴里了。那是因为你不像达尔文一样认为它有趣、好玩。同样，对你自己感兴趣的东西，比如绘画、雕塑、写诗等等，你也会沉溺其中，表现出别人无法理解的热情。

所以，无数教育学家和有远见的成功人士都认识到了这一道理，这可能也正是比尔·盖茨夫妇为什么会启用自己的基金链，投资2000万美元在美国的儿童教育上，致力于发明基于数字化游戏方式的学习工具。这可能也正是他们夫妇支持萨尔曼·可汗并投资给他的可汗学院的原因。因为他们确信，受孩子欢迎的游戏可以让学习更有效。

假如你看过可汗学院的网站会发现，上面有 2000 多个游戏化设计的各个领域的课程，非常有趣。他的创建者萨尔曼·可汗是从麻省理工学院毕业的，当年，他在波士顿上学的六年级的表妹想请他帮忙辅导数学，而他在新奥尔良工作。为了帮助表妹，他以短片的形式录制了一些教学辅导课程，把它们放在 YouTube 网站上面分享，供他的表妹学习观看。不料这些视频短片吸引了来自世界各地的学习爱好者，他们请求萨尔曼·可汗制作更多的学习短片。就这样，这些"好玩"的学习视频，帮助萨尔曼·可汗进入教育领域工作，也帮助了全世界各地很多为学习困扰的学生。

这种种举措，其实都在告诉我们，你认为好玩，你感兴趣，这才是最容易的方式。因此，想要拥有出色的学习能力，你可以通过让学习更有趣味性的方式，然后用自己与生俱来的内在奖励和激励机制来指导自己，从而使学习更轻松更高效。

多问自己一些问题

在对学生的综合能力进行测评时，哈佛大学的加扣分项目中有这样的规定：凡能解答一个问题，可加 5 分，而能提出一个新问题，则可加 20 分。你认为这个规定很奇怪吗？一点也不，提出一个问题往往比解决一个问题更能体现一个人的综合能力。

这个道理爱因斯坦可以向你详细阐述，他说："提出一个问题往往比解决一个问题更重要，解决一个问题也许仅是一个数学或实验上的技能而已，而提出新的问题、新的可能性，从新的角度去看旧的问题，却需要创造性的想象力，并标志着科学的真正进步。"这是晚年的爱因斯坦在总结数十年科学生涯的经验后得出的结论，对年轻的我们很有指导意义。

也许你觉得自己遇到的问题已经够多了，忙着解决还来不及，何苦要给自己添麻烦问更多问题呢？而且，这个世界上有那么多未解之谜还回答不出来，为什么要问那么多新的问题？

的确，人类并不是无所不能的，不能给所有问题一个满意的解答。"可是一个人的想象总应当超过他的能力，不然为什么要有天堂？"这是罗伯特·布朗宁于1855年所作的一首诗中的诗句。虽然我们今天很多人的能力已经超出了布朗宁所处时代很多人的想象力，但这条规则依然适用：一个人的想象力如果不能超越能力，那么他的能力只会越来越差，会被更有想象力的人创造的世界所抛弃。

我们都知道，提出问题是需要观察力、想象力的，希望你没有失去这些年幼时我们都拥有的能力。假如你认为自己已经对日常生活的所有事情习以为常，已经形成了某种思维定式，那么很难说你还拥有观察力与想象力，更不用说创造力了。

哈佛的一位教授经常会讲这样一个故事来教育他的学生：我们伸手去一个不透明的袋子里拿东西。第一次，从中摸出一个乒乓球，第二次、第三次、第四次、第五次，还是摸出了乒乓球，于是我们会认为这个袋子里装的全是乒乓球。当我们继续摸到第六次时，摸出了一个大小相同的玻璃球，那么我们判断，这个袋子里装的是一些一样大小的球。当我们继续摸，第七次，摸出了一个小木球，我们就会想，这里面装的是一些球吧；可是，如果我们再继续摸下去呢？没人知道还会摸出些什么，也没有人敢再轻易下结论。

所以，这个世界就是这样，你了解得越多，越能感受到它的复杂，越不会轻易得出结论。而那些已知的事情，不应该成为我们思考未知事情的障碍。

假如你觉得自己的学习陷入了某种僵局，或者学习进步不够大，那么，我建议你经常问自己这个问题："为什么？"

这个问题有助于帮你保持对生活的敏感，而且更有助于你提升自己的创新能力。谁都知道，我们必须在提出一个好问题之后，才会为它寻找好的解决办法，在解决问题的过程中实现创新。所以，从某种意义上来说，提升学习能力、创新能力，最重要的是提出问题。

假如你不肯提出问题，或者提不出好问题，只能证明你不肯动脑筋、学习不够深入。那么，就从简单的"为什么"开始问起吧。我们所熟知的很多科学家和思想家，比如牛顿、爱迪生、瓦特、马克思等等，都是喜欢凡事问个为什么的人。这种喜欢提问题的好习惯，为他们打开了一片广阔的天空，让各种发明创造成为可能。

我们今天使用的微波炉，也是在问题中发现的。1945年，美国工程师珀西·斯宾塞在测试用于雷达装备的微波辐射器时，偶然发现裤兜里的巧克力融化了。为什么会这样呢？研究之后他推测，可能是磁控管发射的微波烤化了巧克力。于是，微波炉就这样出现了。

同样，我们穿的衣服、鞋子以及很多设施上都会用到的粘扣带也是在问题中诞生的。有一天，瑞士工程师梅斯特拉尔带着他的爱犬到森林里打猎，回来时发现狗身上粘了很多芒刺。他没有忙着把芒刺摘掉、丢掉，而是带着疑问，把芒刺放在显微镜下观察。他发现是芒刺上的小"倒钩"让它们结结实实地粘在狗狗的皮毛上。于是，他就这样为我们设计出了方便实用的粘扣带。

这些看似偶然的现象，或许是一种必然。因为在某种契机下发现和提出问题，正是科学探索的发端，也是学习的一种更高级表现。所以，从这一意义上来说，善于提出问题，等于为成功奠基。因此，你能不多问自己一些问题吗？

有目标的学习更高效

作家杰克·凯鲁亚克说过一句话:"我还年轻,我渴望上路。"这句话引起了很多年轻人的共鸣,也激励了很多年轻人。可是,你打算往哪个方向走呢?

荷马史诗《奥德赛》中有一句至理名言:"没有比漫无目的的徘徊更令人无法忍受了。"年轻的你,无论做什么,都需要有一个明确的方向,学习也一样。无论你多么意气风发,无论你多么足智多谋,无论你花费了多大的心血,如果没有一个明确的方向,就会过得很茫然,渐渐就丧失了斗志。也许你会觉得,反正都是在学习啊,学什么都对成长有益,何必非要功利性、目的性那么强呢?

理论上来说,"学什么都对成长有益"没错,但问题在于我们的生命有限,根本没有那么多时间让你自己尽情地尝试、缓慢地成长。

一位教授正在给哈佛商学院的学生上课。他先拿出一个广口玻璃瓶放在了桌子上。然后他从桌子底下取出来一些鸡蛋大小的鹅卵石,他把这些石头一块块放进瓶子里。直到放不下时,他问大家瓶子是否满了,大家齐声回答满了。

然后他又拿出一袋小石子,石子大约只有樱桃那么大,他抓起它们一点点放进瓶子里。等到放不下时,他又问是否满了。这一次,有人说满了,有人说没有。

他没有说话,拿出一袋沙子,慢慢地往瓶子里倒。等到沙子到了瓶口,教授问大家,满了吗?还是有人说满了,有人说没有。

这时候,他拿起桌子上的一杯水,缓缓地往瓶子里倒,直到水即将溢出来。

然后他问大家,"你们认为这个实验表达了什么?"

有人说时间就像那个瓶子,试着充分利用总能找出空间。有人说瓶子就像我们有限的生命,但如果合理规划可以做无限的事情。

教授看着大家说："你们说的都很好，但我想告诉大家的是，我们的生命就像这个瓶子，它只能放进去有限的东西。如果我们不把人生中最重要的事情——这些大石块先放进去，那么，生命可能就会浪费在一些琐碎事情上，让沙子充满自己的生命空间。所以，年轻的你们，要先把时间花在那些大石块上，也就是你们的人生目标、你们的梦想上。"

人生是这样，学习也一样。我们必须要有目标，这些目标值得我们花费更多时间和精力，而且要放在优先位置上处理。只有这样，我们才能把需要做的所有事情安排得井井有条，让学习更加高效。

而且，目标除了可以帮我们统筹学习之外，还能为学习提供充足的动力。真正卓有成效的学习，需要有发自内心的愿望和动机，而目标正为我们提供了这样一种动力。

几年前，哈佛神学院曾经录取过一个学生。他看起来简直是个天才，可是也有人把他当作彻头彻尾的傻子。他收到了哈佛的邻居麻省理工的录取通知书，因为理科成绩几乎全都是满分；他也被声名赫赫的茱莉亚音乐学院录取了，因为他的小提琴演奏水平已经可以直接进入纽约交响乐团。他还有其他方面的才能，看上去几乎完美。

可是，他放弃了所有这些，选择了哈佛，这并不奇怪，奇怪的是他选择了神学院。我们知道现在不是中世纪，从神学院毕业并不容易找到一份众人眼中的好工作。所以很多人都好奇他为什么做出这样的选择，他是这样回答的：

"我这么年轻，而且我相信自己的才能，找工作并不是最重要的，它可以慢慢来。对我来说最重要的是一直困扰我的信仰问题。这个问题如果不能解决，我内心会不安宁。我读书是为了整个人生，而不是找一份工作。"

不管你是否质疑他的做法，都必须肯定他对学习目标的认识。那么你呢，你的学习目标是什么？是一份更体面的工作还是为了证明自己的学习能力？是因为父母要求你学习还是为了拿到学位证书？不管为什么，你总要有一个学习的原因或者目标。

任何一个在学习的人，不管你学习的内容是什么，也不管你出于什么目的在学习，都必须明白自己通过学习想得到什么东西。因为你想得到的这些东西会向你表明学习的重要性。只有体会到了学习的重要性，你才能重视它，才会认为它不是与人生无关的负担，才会主动、自觉地学习，才会努力让它变得更有趣或者让自己更有收获。否则，根本不知道自己要什么，很难说你的学习会有多大进展。

让你的短板变长

管理学家彼得曾经提出一个理论叫"木桶原理"，它也被称为"短板效应"。说的是我们盛水的木桶是由很多块木板制成的，那么木桶的盛水量也就由这些木桶的高度共同决定。假如其中某一块木板很短，那么整个木桶的盛水量就被它限制了。这块木板也就成了整个木桶的"短板"。如果想要让木桶的盛水量增加，就必须让短板变长。

木桶能装多少水，不是取决于最长的木板，而是最短的那块。同样，现实生活中，给我们带来麻烦或者让我们失去机会的，也往往是我们的短板。

希腊神话中有一位半人半神的勇士名叫阿喀琉斯。他是特洛伊战争中最勇猛的武士。阿喀琉斯出生时，他那身为神祇的母亲想让他得到永生，于是抓住他的脚后跟把他浸没在冥界之河里。由于脚后跟没有被浸到，于是脚后跟成了这位勇士唯一的弱处。在一次战争中，一支箭射在了他的脚后跟上，而这成了对阿喀琉斯致命的一击，让这位浑身刀枪不入的英雄命丧黄泉。

不管是短板，还是"阿喀琉斯之踵"，说的都是我们身上致命的弱点。不管你多强，身上也许都会有一些这样的弱点，它就像是埋藏在我们身上的定时炸弹，随时有可能被引爆从而给你带来致命的打击。

所以，尽管没有人是完美的，我们每个人都有缺点，但我们可以忽略某些无足轻重的，却不能不重视那些已经成为我们短板的缺点。为此，首先我们要找出自己身上那些有可能致命的弱点，这样才能尽早采取措施保护自己。

只是，你的短板可能没那么容易发现。也许你出于种种原因是所在圈子中的核心人物，风头很盛，可是由于缺乏交际技巧，大家不愿意和你单独交流，但你却没有发现；也许你非常擅长发现细节问题并且解决它们，而你的思维和视野过于狭窄因而不懂得从整体上进行系统把握，而你却没有注意到……凡此种种，如果我们沉浸在自己的优点中却忽视了相关的缺点，那么这些弱点将会一点点变强从而影响到生活的各个方面。

但好消息是，就像木桶的木板可以加长或者替换掉一样，对于那些致命的短板，我们可以努力预防或者克服，避免它们对我们产生太大的影响。这一点，罗斯福总统可以向我们证明。

当罗斯福还是少年的时候，他的致命短板是胆小。你能想象出来吗？由于从小不幸患上了脊髓灰质炎，疾病给他留下了瘸腿和参差不齐且突出的牙齿。这个小男孩几乎认为自己是世界上最不幸的孩子，他很少与同学们游戏或玩耍，在课堂上总是害怕得心慌意乱，唯恐被叫起来回答问题。不是他特别笨不知道问题的答案，而是他过于害怕在众人面前讲话。一旦被老师叫起来朗读或者背诵，他就会声音发颤，甚至双手双腿发抖。原本自己懂得的问题，也回答得逻辑混乱、前言不搭后语的。

如此内向胆怯的一个人，怎么可能成为一国的总统呢？幸好，他有一对出色的父母。他们给了罗斯福最大的鼓励和信心，让他明白自己虽然表现得很胆小，但实际上既聪明又勇敢，只是不善于在众人面前讲话而已。有了信心的罗斯福非常了解自己的优缺点，也清楚胆小是自己致命的短板。

于是，即使依然要面对同学和同龄人的嘲笑，他渐渐不再自卑，开始勇敢地在众人面前展现自己的实力。虽然他的声音依然不够洪亮，姿态也不够威严，并且没有华丽的言辞，但他的信心、坚毅、勇敢、睿智已足以吸引人。就这样，他用行动一点点克服自己的短板，终于可以自如地当众演讲。

那么，你呢，你能看清楚自己身上有哪些影响未来发展的短板吗？其实，我们每个人都有自己的短板，你可能人际关系不大好，你可能没有进入名校，你可能生活技能不足，你可能不太有自己的想法……这都不要紧，短板人人有，处处都存在。关键是你的短板是什么，你自己对它的态度，你周围人的评价。

对于不可以容忍的短板，接下来你要考虑如何让它变长。没人有义务容忍你的短板，就算你最长的那块板子比谁都长，最短的那块如果没有达标，一样会出局。因为一根链条，最脆弱的一环决定其强度，我们也同样如此。

所以，如果你很清楚自己有哪些短板，就尽可能地扬长避短，削弱它对我们的负面影响。与此同时，还要多反省自己身上是否有哪些没有意识到的致命短板，不要让它们对你产生巨大阻力。

专注是成功的基石

德国哲学家黑格尔曾经说过："一个志在大有成就的人，必须如歌德所说，知道限制自己。反之，那些什么事情都想干的人，其实什么事情都做不成。人必须专注于一事，而不是分散自己的精力。"

的确，人的精力有限，你不可能把有限的精力分散到无限的兴趣上。而我们在某一件事上投入的精力越多，它就越可能有所成就。而且，假如我们不能集中精力去做正在做的事情，而是被其他事情干扰，就很可能出现意想不到的错误。因此，我们需要专注。

我的朋友托尼是一位作家，喜欢鸟类。几年前，他在郊外买了一栋新房子，附近有片小树林，他很喜欢。入住新居后他就买了喂鸟器，希望能够吸引众多鸟儿陪伴自己。可是当天晚上他就发现，树林里跑过来的小松鼠把喂鸟器弄翻了，吃掉了里面的食物，也把正在啄食的小鸟都吓跑了。托尼生气地把松鼠赶跑了，可是食物被吃光了，小鸟也不敢再过来。接下来的十多天里，他想尽办法想要让松鼠远离自己的喂鸟器，可是根本不起作用，那群小精灵每次都能想到办法把鸟食吃光。

有一天，他到附近的小镇上买东西，在一家五金店看到了一个长相怪异的喂鸟器，吸引他的是喂鸟器的名字"防松鼠喂鸟器"。这不正是自己想要的吗？托尼大喜，马上回家把它安在院子里。可是那天晚上，他看到松鼠照样把"防松鼠喂鸟器"中的食物全都吃掉了。

托尼很生气，拆掉喂鸟器来到五金店要求退货。店员回答说："别着急，先生，我会给你退货的，不过你要理解：这个世上可没有什么真正的防松鼠喂鸟器。"托尼惊奇地问："你想告诉我，我们可以把人送到太空基地，可以在几秒钟之内把信息传到全球任何一个地方，但我们最尖端的科学家和工程师都不能设计和制造出一个真正有效的喂鸟器，可以把那种脑子只有豌豆大的啮齿类小动物阻挡在外？你是想告诉我这个吗？"

"是啊，"店员说，"先生，要解释清楚，我得问你两个问题。首先，你平均每天花多少时间让松鼠远离你的喂鸟器？"托尼想了一下，回答说："我不清楚，大概每天10~15分钟吧。"

"和我猜的差不多，"那位店员说，"那你猜那些松鼠每天花多少时间来试图闯入你的喂鸟器呢？"

托尼马上明白了他的意思：松鼠不睡觉的时候，在它们清醒着的每一分每一秒，都在琢磨着如何寻找食物。它们花费了大量时间和精力专注于觅食，但设计喂鸟器的人类却不是这样，因此松鼠打开喂鸟器也就不是什么难事了。

原来，无论多么弱小的生物，多么弱小的力量，只要专注于一点，就可以产生令人震撼的能量。太阳的光多么强烈啊，可是在没有任何介质的情况下只会普照大地，甚至不能点燃一根稻草。可是有了放大镜聚光，效果就不一样了，哪怕只是把放大镜面积那么大的、自由散漫的光线集中在一起，就拥有了燃烧的力量。许许多多的现象都在告诉我们，专注是成功的基石，专注是可以产生奇迹的。

有一位做了几十年钢琴调音师的人，拥有一项神奇的能力，他不是靠耳朵去辨认音色音阶，而是靠鼻子去校正钢琴。大家都以为他有特异功能，他说："才不是那样。刚开始的时候，我也是用耳朵去听，静静地、认真地聆听辨认。由于每天都要这样认真专注地重复聆听，这么多年来我渐渐发现，在我专注聆听的时候，不仅耳朵有感觉，连鼻子也有了辨认音色的能力。它是在不知不觉中形成的。如果一定要找出原因，恐怕是长久以来的专注吧。"

奇迹就这样在专注中出现了。但你知道，所谓的奇迹只是努力的别名，这位钢琴调音师只不过是让自己的潜能在专注中得到了发挥。

倘若学习或者做事的时候，我们很快学会之后就不再深入研究，转而去做别的事。或者我们同时做很多件事，那么除非你是天才，否则，表面上看起来你学到的东西更多了，实际上每一样都没有深入透彻地领会，所能取得的成就也就非常有限。

所以，假如我们想要拥有出众的学习能力，想要让自己表现得更出色、做得更好，并不一定需要有天才的智商。只要你能够做到专注地为了某一件事心无旁骛、投入所有的时间、发挥所有的才干，一定可以取得让自己都感到吃惊的成绩。

哈佛的字典里没有"毕业"

年轻的你现在可能正在学校读书，对你来说，学习可能意味着上课、做作业、完成老师布置的任务以及在考试中表现出色。假如对你来说考试是这样一个定义，那么毕业之后是不是就不需要学习了？

当然不是这样的。让你有价值的，不是你曾经在某所著名大学学习过这一事实，而是你拥有出色的学习能力，随时都能够应对生活中、工作中出现的新问题。学习从来都不是一劳永逸的事情，它永远都是一个过程，直到你生命的最后一天才会有结果。所以，千万不要以为"毕业"就意味着你现在的能力足以应对未来的人生了。

在期末考试的最后一天，哈佛大学某一栋教学楼的台阶旁，站满了高年级的学生。这是他们毕业之前的最后一次测试，而且教授说他们可以带任何自己想带的书或笔记，要求只有一个，就是他们不能在测验的时候交谈。因此，现在他们轻松愉悦地谈论着即将到来的考试，也谈论他们已经找到的工作，谈论未来的大好前程。带着经过 4 年的大学学习所获得的自信，他们脸上的神情格外放松也特别骄矜，任谁看到他们，都会觉得这群年轻人已经准备好征服整个世界。

考试开始了，他们拿到试卷，看到只有 5 道论述类型的题目，脸上的表情更加放松，甚至有点傲慢了。他们满不在乎地拿起试卷，拿出资料，准备在大学生活的最后一次考试中好好表现，画上一个圆满的句号。

3 小时过去了，教授开始收试卷。这时候，再看学生们脸上的表情，早已不再那么神采飞扬了，而是充满沮丧、懊恼以及难以置信。

教授无视他们的眼神，平静地说："请 5 道题目都完成的同学举手。"没有一只手举起来。

"请完成 4 道题目的同学举手。"依然没有人举起来。

直到教授说："有没有人完成1道题目？"整个教室还是沉默，没有人举手。

所有人都连1道题目也没有做出来。出乎他们意料，教授并没有表现出失望、震惊或者责怪的神情，只是依然平静地说："这是意料之中的结果。"然后他微笑着接着说，"我只想给你们留下一个深刻的印象，即使你们已经完成了4年的学习，但关于这个学科仍然有很多的东西是你们还不知道的。这些你们不能回答的问题，是与每天的日常生活实践相联系的。你们都将通过这次测验，但是记住——哈佛的字典里没有'毕业'，即使你们现在是大学毕业生了，你们的教育也还只是刚刚开始。"

在学习教育结束的那一刻，社会教育就马上开始了，所以哈佛的字典里从来没有"毕业"这一词。这一生，我们永远都是一名学生，要向身边有经验的人学习、向自己的对手学习、向更成功的人学习、向大自然学习……到处都有我们可以学习的知识和技能，更有我们需要汲取的智慧。

总有一天你会发现，在真实的世界中生存时，社会评估你是否有竞争力，不会看你在学校成绩怎样，也不会看你有多高的学历，而是看你解决实际问题的能力。这种能力，有赖于持之以恒的学习与思考。所以，倘若你停止学习，满足于现在拥有的知识和技能，那也就意味着放弃了让自己进步的可能，也就意味着极有可能被社会抛弃。

我曾经的邻居惠特曼小姐是一所著名医学院的毕业生，毕业之后成了一名牙医。她的收入相当不错，每周只需要工作4天就有20万美元的年薪。她对自己的职业相当满意，而且由于医术高明，所以她不认为自己还有什么需要学习的，日子就这样过下去不就非常好了吗？

可是有一天她开始感觉自己的手指疼痛，对此她没有去看医生也没有自己去查找原因，而是听任这种时断时续的疼痛自由发展。终于有一天，当她的手指疼到没有办法做手术时，她只好去看医生。医生告诉她，她患了很严重的关节炎，以后恐怕都没有办法给人做手术了，这意味着她要失去牙医的工作。

可是毕业这么多年来,她除了做牙医,没有学习任何别的职业技能方面的知识。她想去中学教书,可是学校告诉她,她没有教育学、心理学方面的相关知识,而且她掌握的很多知识已经过时跟不上时代发展了,因此很遗憾不能录用她。惠特曼小姐最后去了一家咖啡店做服务生,收入锐减,不得不搬离了我们的社区。

我想,惠特曼小姐毕业时,也许没有人给她那样一堂印象深刻的课,也没有人告诉她毕业并不意味着学习的结束。不管是专业技能还是生活技能,都不应该满足于现状,而是要不断扩大自己的知识储备,让自己的竞争力越来越强而不是越来越弱。

所以,不管你现在有没有毕业,都一定要记得,毕业从来都不是意味着学习的结束,而是更复杂的学习的开始,我们必须要花更多时间学习谋生技能和其他新的技能,更要努力尝试一些自己从未做过的事情。假如停止学习,惠特曼小姐的故事就很有可能继续重演。

更新你的知识储备

你是否听说过摩尔定律(Moore's Law)?它是由英特尔创始人之一戈登·摩尔(Gordon Moore)于1965年提出来的。大致内容简单来说就是,我们今天花1美元所能买到的电脑性能,18个月之后会翻1倍以上。由此我们可以看出半导体科技的快速变革。

那你是否听说过"新摩尔定律",也就是光纤定律(Optical Law)?它是

1999年联合国"世界电信论坛会议"的副主席约翰·罗斯（John Roth）提出的，内容是说，互联网带宽每9个月会增加1倍的容量，但成本降低一半，比晶片变革速度的每18个月还快一半。由此我们可以看出信息技术领域正在发生的快速变革。

其实，不仅仅在网络科技领域发生着日新月异的变化，我们的生活和工作中也同样如此。英国技术预测专家詹姆斯·马丁有一个测算：人类的知识在19世纪是每50年增加1倍；20世纪初是每10年增加1倍，70年代是每5年增加1倍，而90年代则是每3年翻一番；2003年，知识的总量比20世纪末增长1倍；到2020年，知识的总量是现在的3～4倍；到2050年，目前的知识只占届时知识总量的1%。这也就是为什么比尔·盖茨会对微软的软件开发人员说过："再过四五年，现在的每句程序指令都得淘汰。"

面对这样的现实，你认为我们是否应该不断更新自己的知识储备呢？任何技能都存在一个时效问题，知识也同样如此，新的发现和认知会不断推翻、重塑已有的知识体系。所以，千万不要认为自己在学生时代所学到的知识就足以建构起支撑一生的知识体系。

从著名大学毕业的詹姆斯凭着优异的成绩进入了硅谷一家大型企业工作。年轻的他工作很努力也很用心，很快就让职业技能有了很大的提高，工作业绩也十分突出。因为得到了管理层的赏识，他第1年被提拔为策划部经理，第2年提拔为首席信息官。坐上首席信息官职位之后，拿着丰富的薪水，驾着公司配备的专车，住着公司提供的豪宅，詹姆斯的生活品质也得到了很大的提高。然而，跟以前相比，他的工作热情却消退得无影无踪。跟刚刚毕业那时候勤奋学习的他相比，简直像是两个人。

满足于现有功劳和成绩的詹姆斯，似乎失去了自我提升的兴趣。终于有一天，一位对他现状感到担忧的朋友问他："詹姆斯，你还有什么追求吗？"他回答说："我对现在的自己相当满足。这是一家世界闻名的大公司，没那么容易破产。而我凭借自己的努力得到了目前这个职位，看样子是我能够到达的最高点了。"听到他这样说，朋友选择了沉默。

可是，由于詹姆斯不肯学习，很多观念和知识都是陈旧落后的。虽然当初这些知识和观念帮他创造了辉煌的业绩，但可惜它们已经渐渐被时代淘汰了。而詹姆斯对此却一无所知，依然对自己的经历引以为豪，用陈旧的观念和做法来领导大家。就这样，失去了锐气和进取心的詹姆斯再也没有做出过人的贡献，他带领的部门业绩也越来越差。

年终总结之后，看到自己部门糟糕的业绩，詹姆斯心情不大好。这时候朋友趁机劝他："听说里奇前一阵参加了一个培训挺不错的，你要不要也试试看？你现在业绩不大好，要是不继续深造，恐怕会有危险。"他却说："我是公司的功臣，又是业务骨干，公司离不开我，不会有什么危险的。"的确，公司现在有很多业务离不开他。

可是就这样又过了半年，詹姆斯收到了辞退通知书。在这半年里，因为他表现太糟糕而且没有改进的迹象，老板一直在积极寻找可以替代他的人选。终于，当老板从别的公司挖到了一个更年轻更有拼搏精神和业务能力的人才之后，就炒了他的鱿鱼。

以往的成绩和经验之所以成为失败的原因，正是因为我们过于看重它，从而在我们置身新环境、面临新问题时依然固守过去的观念和知识，不肯勇于探索、不断创造，那么才华出众的人照样会变得越来越平庸，面临的必然是被淘汰的命运。

在这样一个一切都在快速变化的时代，知识更新的速度比以往更快了，这也意味着知识淘汰的速度正在逐渐加快，过去所学习的知识，会更快过时。倘若我们不能及时更新自己的知识，很快就会进入所谓的"知识半衰期"，很快就会被抛弃。

现在，请你想想看，你是否正在因为自己知识丰富而洋洋得意？可是，就在这一刻，你掌握的知识已经有一部分过时了。因为在世界的其他地方正在发生变化，知识和科技都在更新发展。如果不想被这个飞速发展的社会丢下，你就必须坚持更新自己的知识储备，完善自己的知识体系，丝毫不可懈怠。

随时随地都可以学习

　　我不止一次听到人们说自己太忙了根本没时间学习，每当这时候我就想反驳他们，你真的没有时间学习吗？你所谓的时间是什么定义呢？如果真的想要学习，你就一定能找出时间，你不会等到自己有一整块的闲暇时间才肯去学。

　　想想看，忙忙碌碌的你，到底有多少时间是被充分利用了，而有多少时间是被盲目地浪费掉了，很难衡量。

　　我们每个人每天都拥有 24 小时，对于不同的人来说，它是一样长的，又是不一样长的。这要看你如何去支配时间、驾驭时间。如果你能合理地去管理你的时间，分配你的时间，就能提高你的办事效率，使你能在相同的时间内做好更多的事情，也就相当于将你的时间延长了，将你的生命延长了。反之，你的生命就被你人为缩短了。

　　你为什么会没有时间学习，因为你浪费了太多时间。如果对浪费时间的原因做一个总结的话，可以归结成内部因素和外部因素两个方面。浪费时间的外部因素，包括电话干扰、不速之客、闲谈聊天、沟通不良、进度失控、资料混杂等等；内在因素，包括计划欠妥、贪求过多、条理不清、欠缺自律、无力拒绝、做事拖延等等。所有这些都是可以避免的，它们浪费掉的时间都可以拿来学习。

　　哈佛大学的学者告诉我们，现在的企业发展已经进入了第六阶段——全球化和知识化阶段。在这个阶段中，企业的形态也要相应地转变为学习型组织。在学习型组织的企业中，你不得不经常要处理各种紧急事务，而且还要在短时间内成为某个新项目新领域的专家。为此，想要在千变万化的环境中应对自如，你必须要善于学习。

可是，也许你真的工作繁忙或者课业繁重，而且随着网络技术、社交网络的发达，我能明白，你无论有多少时间都不够用。那么，我们该怎么学习呢？告别了学校之后，我们很难有那样绝佳的学习时间和环境了，但你可以选择随时随地学习。

假如你说："等我有空的时候再看"。这句话通常表示"等手上没有什么重要的事情时再做"。而事实是，没有所谓"空"的时间。你可能会有用来休闲的时间，却不会有所谓"空"的时间。在休闲的时候，你也许会躺在游泳池边尽情玩乐，但这绝不是"空"的时间。那么你用什么时间来学习呢？

如果你听说过爱因斯坦组织的享有盛誉的"奥林匹亚科学院"，一定会明白这个道理。我们都知道这些科学狂人是非常忙碌的，所以想要召集他们全都放下手中的工作来开会是很难的。于是，在这个科学院里，我们经常会看到在吃早餐的时候，一个个科学家手捧咖啡杯，边吃早餐，边看着报纸边议论，后来相继问世的各种科学创见，不少就在这时候萌芽。

你可以试着去采访很多有成就的人，他们一定会告诉你在奋斗过程中没有所谓的闲暇时光，即便是在闲暇时刻他们也一定会充分利用时间思考，把所有宝贵的时间都充分利用起来。

现在，我们可以反思一下，自己平时还有哪些空闲时间是应该利用起来的？有哪些时间是我们平时随意抛弃的呢？比如，出行的时候等红灯的时间、约会时等朋友的时间、排队买东西的时间，它们都是可以利用起来的。比如，你可以在这时候打出一两通电话，或者迅速浏览当天的时事新闻，还可以计划一下自己的工作与生活。总之，它们完全可以转变为有意义的时间，而不是在你的焦躁不安中被浪费掉。

　　再比如，喝咖啡、吃午餐的时间也可以被利用起来学习。假如你只是在喝咖啡的时候喝咖啡，吃午餐的时候吃午餐，那只能算与时间同步。但假如你让喝咖啡和吃午餐的时间也充满了丰富的学习内容，就是在与时间赛跑。比如，你不是在与同学闲聊八卦，而是在与他们讨论各自最新的发现、感悟或者学习心得，那么在这种轻松愉悦的环境下，一方面你可以学习到知识，另一方面还可能会突发灵感，顿悟一些问题。

　　总而言之，想要拥有出色的学习能力，你必须让自己培养更积极的心态，养成随时随地学习的良好习惯。学习做到自律、自控、自觉，并且掌握一定的省时高效的方法，这样才能在忙碌的日常学习和工作中找到更多时间来学习。

第六章

学会与人交往

不管你多么坚强多么独立,既然生而为人,就有人所具备的社会性。这种社会性决定了你不大可能不与人进行交往,因为除了强烈的自我尊重之外,社会支持也是让我们拥有健康心理的重要因素。

独立的人也需要与人交往

在海明威《丧钟为谁而鸣》中有这样一段话:"没有人是一座孤岛,可以自全。每个人都是大陆的一片,整体的一部分,如果海水冲掉一块,欧洲就减小,如同一个海岬失掉一角。如同你的朋友或者你自己的领地失掉一块,任何人的死亡都是我的损失,因为我是人类的一员。因此,不要问丧钟为谁而鸣,它就为你而鸣。"

我相信,即将成为或者刚刚成为成年人的你,无疑都想证明或者显示自己的独立,向这个世界宣告自己已经有足够的能力不依赖别人。可是,自认为独立的你,会把自己变成一座孤岛吗?也许你愿意是一座独立的岛屿,自得其乐地生活着,无视他人。可是你毕竟不是鲁滨逊,在日常生活中还是要与各种各样的人来往。

有一个修士想要独自搬到山上清修,他决定尽可能减少自己的欲望、尽可能断绝与人的来往。可是尽管山上有泉水有野果野菜,他还是需要粮食。于是他打算每周在固定的时间向固定的村民购买粮食,这样就可以见到尽可能少的人,保证自己的清修不受打扰。

可是,有一天他发现自己的粮食少了,原来这些粮食招来了老鼠。于是他打算买只猫来对付老鼠。可是买来了猫就要照顾它,除了给它准备食物之外还要为它洗澡梳理等等……渐渐地他发现,自己原本想要离群索居,可是与人的往来却更多了。

也许你认为自己足够独立，可是假如你这个小岛不肯用心扩大自己的面积，不肯与其他小岛来往从而连成一片更大的岛屿，那么只能独自在苍茫的大海中忍受风浪的侵蚀，直到慢慢消失。所以，虽然我们需要独立，可与此同时也需要与人交往。

哈佛的很多学生都相当独立也相当有个性，但他们并不排斥社交活动。也许你看过一部名叫《社交网络》的电影，即便没有看过你也一定玩过或者听说过 Facebook 网站。这个网站就是由哈佛大学的辍学生马克·扎克伯格创立的，它最早只对哈佛大学的学生开放，为大家提供一个交流平台。没想到网站一建立就在哈佛引起了轰动，仅仅几周，哈佛一半以上的学生都登记加入会员，主动提供他们最私密的个人数据，如姓名、住址、兴趣爱好和照片等。学生们利用这个免费平台掌握好朋友的最新动态、和朋友聊天、搜寻新朋友。由此可见，哈佛的学生们对社交的热衷。而且在哈佛，那些完全由男性或女性组成的期末俱乐部，也是哈佛大学社交生活中不可或缺的组成部分。大家学业繁重，个性鲜明，可是绝对不排斥与人交往。

亚里士多德曾经说过："一个独立生活的人，不是野兽，就是上帝。"我们绝大多数人都不是上帝，所以需要与他人在一起，这也是人类避免孤独的一种基本需要。

社会心理学家斯坦利·沙赫特曾经做过一项研究，他找了 5 名大学生志愿者，给他们每人 200 美元，让他们每个人分别待在一间屋子里，愿意待多久就待多久。这间屋子没有窗户，只有一盏油灯、一张床、一把椅子、一张桌子、以及洗漱用品；自动送饭机会在吃饭时间送饭，但是志愿者看不见一个人。他们没有伙伴，没有电话，没有收音机和电视机，没有互联网。手表、钱包以及口袋里的一切东西在进屋前全部被收走。斯坦利想要看看他们能坚持多久。

你能坚持多久呢？这 5 名学生，有 1 名只待了 20 分钟就出来了，说再也不能忍受了。有 3 名学生坚持了差不多两天两夜，他们说这样太难受了，自己以后再也不想受这种罪而且一定会珍惜与他人的每一次交往。最后 1 名学生坚持了八天八夜。当心理学家宣布这个实验结束时,他走了出来说:"我在屋子里越来越难受,越来越焦虑,但是还可以生存下去。"

斯坦利·沙赫特并不认为这是一个严格的心理学实验,只是一次简单的尝试,但已经可以让我们正视那些我们习以为常的社交活动的重要性。也许有时候你会觉得网络、电话、与人来往等社交活动占据了你太多时间,可你是否想过,假如禁止你做这些事情,你可以忍受多久呢?或者,你的性格会发生什么改变呢?

我们需要朋友,需要与人交往,不仅仅是为了不让自己感到寂寞,更是为了不让自己有空洞感、失落感、被抛弃感。尽管社交会花费你很多宝贵的时间,但它们是必要的同时也是有益的,你可以在此过程中获得更多信息与帮助。所以,不管你多么独立,都不要排斥与他人的交往。

信任别人的同时,收获信任

谁都知道人与人之间,信任和被信任是极其重要的。或者说同一个群体之间,信任是非常重要的。否则,这个群体是难以得到发展的,必然在无尽的内耗中走向灭亡。可能也正是因为这样,人们才那么看重信任这一行为。

在公元前4世纪的意大利,有一个名叫皮斯阿司的年轻人因为触怒国王被判处了绞刑,已经确定了执行死刑的日期。年轻人知道无法改变国王的心意,只提出了一个请求:回家乡见母亲最后一面。

国王顾念他的孝心,同意让他回家与母亲相见,但条件是他必须找一个人来替他坐牢,到期他再来替换这个人,否则决不允许他离开死牢。这个条件看似简单却几乎不可能实现。有谁愿意冒着如此大的风险替别人坐牢？假如皮斯阿司逃跑了，到了期限没有回来，自己岂不是要替他去死？

可是皮斯阿司的一位朋友达蒙，却答应了替他坐牢。达蒙住进牢房以后，皮斯阿司回了家乡。人们都好奇地等待事态发展。日子一天天过去了，眼看到了行刑那天，皮斯阿司还没有回来，人们纷纷议论说达蒙上当了，他真愚蠢，压根就不应该相信他那位朋友。

行刑那天，达蒙在雨中被推上刑场，但刑车上的达蒙丝毫没有害怕或者后悔的神色。眼看绞索已经挂在了达蒙的脖子上，人们都在惋惜达蒙的冤死并且咒骂背叛朋友的皮斯阿司。这时候，皮斯阿司在风雨中飞奔了过来，一边跑一边高喊："等等，我回来了！"

这件匪夷所思的事情很快就传到了国王的耳朵里。他不相信这是真的，于是亲自赶到刑场上看。看到两位朋友抱在一起这感人的一幕，他宣布赦免皮斯阿司，因为这样优秀的子民怎么可以被杀掉！

这个故事之所以感人，是因为我们人人都想拥有这样一个朋友、这样一份信任吧。可是前提条件是，你要能够真的信任别人。

动物学家认为，假如一只猴子肯帮助另一只猴子，是因为它们相信"我这次对那只猴子好，下次那只猴子也会对我好"。他们认为，这可能正是人类合作行为的直接起源。这也意味着，我们的祖先很早就明白互相信任的好处，所以才愿意选择主动去相信别人。

要知道，我们对他人的信任，首先是对自己的信任，这意味着我们相信自己的眼光，相信自己的选择，相信自己有能力面对可能出现的结果。任何情况下，我们都没有办法真正左右别人的行为。所以我们不会知道自己选择信任别人是对是错，那完全是他们自己的选择。假如对方珍视与你的关系，自然就会约束自己的行为；反之，如果对方认为他与你的关系不重要，那么就会辜负你的信任。严格来说，对方的行为也没有对错，只有一种利弊权衡与选择。你自己在做决定时，也同样如此。

所以，假如你真的信任别人，就意味着相信他们会为自己的选择负责，同时也意味着自己有能力为自己的选择负责。否则，你的信任就谈不上是真正的信任。

在希腊传说中，皮格马利翁相信美丽的象牙少女像可以变成人，他最终在爱神的帮助下心想事成了。对我们来说，这是不大可能的，但假如你相信一个人，他一定能感觉到。当他承载着你的信任，感激你的信任，就会尽力不让你失望。

在大西洋上有一艘货轮正在开足马力往前驶去，可是这时候正在船尾干活的勤杂工，一个小男孩失足掉入了大海，瞬间就被海浪吞没。虽然他大声呼救，但是没有人听到他的呼喊。可是，这个小男孩相信慈爱友善的船长一定会来救自己，就鼓足勇气拼命朝着轮船的方向游去。而过了一会儿，船长发现失踪了一个小男孩，就下令返航，终于在孩子就要坚持不住的时候赶到了。孩子苏醒后跪在地上感谢船长的救命之恩，他告诉船长："我知道你会来救我的！"这时白发苍苍的船长扑通一声跪倒在孩子面前，泪流满面："孩子，不是我救了你，而是你救了我啊！我为自己在下命令那一刻的犹豫而感到羞耻……"

小男孩选择了信任船长，因此得以战胜对死亡的恐惧，获得求生的强烈欲望；而船长呢，因为获得了小男孩的信任，从而让自己的灵魂得到升华，让心灵得到解放。这不是一种双赢吗？信任和被信任都是高尚的情感体验，能够激发向上的动力，让我们的道德逐步实现自我完善。

相信每个人小时候都是无比信任父母的，这种全身心信任一个人的感觉是无比幸福的。长大以后，我们开始有怀疑精神，这是无可避免的。毕竟信任就像是一把刀子，你把它交给别人，别人可能保护你，也可能伤害你。于是我们不敢信任，不再信任。

假如信任别人却受到了伤害，那么你会选择怎么做？害怕之后，还是要选择相信，因为这样，有好结果的概率会比较大。所以，我会继续付出信任，并小心挑选下次信任的人。

与人为善是好习惯

和信任一样，善良是非常受别人欢迎的一种品质，可是我们会担心自己受到伤害，或者，我们会担心自己充满善意地对待别人却遭到不公平对待。可是，假如你渴望得到别人的善意却不肯交出自己的善意，渴望得到友谊却不肯敞开心扉，渴望得到帮助却不肯帮助别人，这样怎么可能会得到爱与温暖呢？

事实上，关爱他人也就是善待自己，也许你一时看不到回报，但请相信，只要你养成与人为善的习惯，必然会让自己更加充满人格魅力，从而得到更多的尊重与善意。

我们都知道，第一位登上月球的人是阿姆斯特朗。他在踏上月球时说的那句"我个人迈出了一小步，人类却迈出了一大步"家喻户晓。但和他一同登月的还有奥尔德林，虽然很少有人知道，但他同样让人敬佩，从一件小事上就可以看出。

当年，为了庆祝登月成功这一人类历史上具有里程碑意义的事件，政府举行了盛大的记者招待会。在众人面前，一位记者提出了一个很尖锐的问题："你作为同行者，而成为登上月球第一人的却是阿姆斯特朗，你是否感觉有点遗憾？"在众人有点尴尬的注视下，奥尔德林风趣地回答道："各位，千万别忘记了，回到地球时，我可是最先迈出太空舱的！"然后，他环顾四周笑着说："所以，我是从别的星球上来到地球的第一个人。"大家在愉悦的笑声中，给了他无比热烈的掌声……

大家给他的掌声，不仅仅是因为他的睿智和随机应变的聪明，更是因为他的与人为善。面对不够善意的问题，他可以用善良、真诚、宽容来化解所有人的尴尬。这种品质，不是更值得人们尊重吗？

我们都知道大名鼎鼎的福特汽车公司。在大家的印象中，企业的目的就是为了赚取尽可能多的利润，这当然没错。但你知道吗？即便是为了这一目的，与人为善也可以帮你达到。

世界上第一条流水线是由福特公司发明的，这为福特公司带来了惊人的利润。可是福特并没有把利润独享，而是提高了工人工资，努力提升工人工作质量，他说："我认为我们的汽车不应该赚这么惊人的利润，合理的利润完全正确，但不能太高。我主张最好用合理的小额利润销售大量的汽车……因为这样可以使更多的人买得起，享受使用汽车的乐趣，还可以使更多的人就业，得到不错的工资。这是我一生的两个目标。"也许，正是在这一理念的指引下，才成就了福特公司百年来的成就。

假如你认为自己总是善意地对待别人却不能得到同样的回报，那么请看看下面这个故事。

一个叫玛丽·班尼的小姑娘认为上帝太不公平了，因为自己是个乖巧善良的孩子，可是得到上帝垂青的总是那些表现不佳的孩子。上帝为什么不肯奖赏好人？于是她写信给《芝加哥先驱论坛报》，向无所不知的西勒·库斯特先生询问。西勒·库斯特先生认真地思考这个问题，并且给了她这样的答复："善人之善，是上帝给予的最高奖赏。所以，上帝让你成为一个好孩子，这就是对你的最高奖赏。"这封信不仅寄给了那个困惑的小姑娘，而且被刊登在《芝加哥先驱论坛报》上，被美国及欧洲1000多家报纸转载，让所有和玛丽·班尼有着同样困惑和委屈的孩子们不再感到不公平。

所以，假如总是与人为善的你却得不到上帝的奖赏，请你告诉自己：我的善良，是上帝对我最高的奖赏，这就是我得到的回报。

无论别人怎样对待你，无论你的善意是否曾经被践踏，这些都不是你放弃善良的原因。就如同信任一样，它们让你的内在生命熠熠闪光，让你成为一个幸福快乐的人。这难道不是你能得到的最好的回报吗？

积极参加团队的活动

为什么我们要选择参加团队活动、选择与人合作？有些人天生是外向性格，喜欢与人往来。可是那些不喜欢与人来往的内向型性格的人，为什么也需要积极参加团队活动呢？

答案很简单，因为这对我们有益。在团队合作中，我们可能会获取更大利益。这个道理，连黑猩猩都明白。

一位名叫安科·布林格的灵长类动物研究员和自己的同事一起做了一项研究，他们把香蕉放在黑猩猩能直接够到的范围之外。为了把放香蕉的平板拉近，黑猩猩会不停地拉动扔在地上的绳子。黑猩猩有两种选择：一块单板，它们可以独自拉近；另一块是合作板，有松散的绳子穿过板上的环。为了得到这些木板，需要两端同时拉，因此黑猩猩不得不向待在隔壁的伙伴寻求帮助。当布林格在单板上放两个香蕉片，在合作板上放四个香蕉片，以使每个黑猩猩都有相同的好处时，它们绝大部分时候会选择独自工作。如果在合作板上为每个黑猩猩再各加一个香蕉片，它们则绝大多数选择合作。显而易见，为了得到更多利益，哪怕仅仅是一片香蕉片，黑猩猩也会选择团体行动。

另一位灵长类动物研究者和耶鲁大学人类学家大卫·瓦茨针对这些研究发表评论说："看起来它们关心的是它们所想要的，它们不找一个同伴加入因为他们喜欢那样，或者因为它们担心同伴会占有本属于自己的那部分。但是，对人类来说，我们总是找他人加入的动机只是因为他人的加入有助于任务的完成。""如果一个物种，它们心理上倾向于和他人共事，让他人参与，开辟各种可能性，那么它们能完成更多的目标，那个种群在生态问题和进化上也会做得更好。"

我们可以看到，这位人类学家认为，尽管黑猩猩也懂得合作，可是与人类有根本差异，这也正是人类比黑猩猩更高级、更进化的重要表现。那么，你呢，你对待团队的态度还停留在黑猩猩的层面上吗？

我的邻居有个孩子叫杰森，他非常聪明，但性格就不敢让人恭维了，有点像《生活大爆炸》中的谢尔顿。由于他出众的智商，所以中学毕业成绩全优，轻松进入了哈佛大学。

大学一年级的时候，有一次教授布置了作业，要求所有同学4个人一组编写一套系统方案。由于同组的另外3个同学对系统开发都没什么概念，所以他这位组长几乎独立完成了所有的工作，而且做得又快又好。

作业交上去之后，老师对他们小组做出来的系统相当满意。可是成绩出来之后，出乎意料，他只拿到了B，更不可思议的是，另外三个几乎什么都没做的同学拿到了A。他气愤地去质疑教授。

"教授，为什么其他人都是A，只有我是B？"

"噢！那是因为你的组员认为你对这个小组没什么贡献！"

"您该知道那个系统几乎是我一个人弄出来的，是吧！"

"哦！是啊！但他们都是这么说的，所以……"

"说起贡献，您知道每次我叫汤姆来开会，他都推三阻四，不愿意参与吗？"

"对呀！但是他说那是因为你每次开会都不听他的，所以觉得没有必要再开什么会了！"

"那杰克呢？他每次写的程序几乎都不能用，多亏我帮他改写！"

"是啊！就是这样让他觉得不被尊重，就越来越不喜欢参与，他认为你应该为这件事负主要责任！"

"那撇开这两人不谈，黛西呢？她除了晚上帮我们叫外卖，几乎什么都没做，为什么她也拿A？"

"黛西啊！汤姆和杰克觉得她对于挽救小组陷于分崩离析有极大的贡献，所以得A！"

"教授，您该不是对我有偏见吧？"

"孩子，你知道什么叫团队合作吗？你以为自己独立完成几乎所有任务，就是为团队做出了最大贡献，可是你是否想过你们是一个团队？假如你认为所有人都不如你，又何必参与到团队中来呢？这不是我的初衷，也不是当今社会一个人应有的做事态度。我们需要团队精神，需要团队合作，而你，毫无疑问搞砸了自己的团队。这就是为什么你只能拿 B。"

也许你非常优秀，很多事情可以独自完成，根本不必借助团队。你认为这样可以节约很多沟通成本，而且因为不存在个体差异从而可以让整个过程更加流畅。可是，你必须明白并非所有事情你都可以自己搞定。一旦你养成独行侠的习惯，当你需要与他人一起完成某些事情时，就会因为缺乏团队精神与合作能力而不能很好地胜任。所以，不管你多么独立多么优秀，都不要幻想自己是可以完成所有任务的英雄。我们需要做的是，积极对待每一次团队活动，培养分工协作的能力，在团队中让自己得到更多教益与成长。

帮助别人也是帮助自己

哈佛大学的优秀学生、美国 19 世纪著名哲学家、诗人拉尔夫·爱默生曾经写过这样一句充满哲理的诗句："人生最美好的补偿之一，就是人们真诚地帮助别人之后，同时也帮助了自己。"

冬天，深深埋在地下的树根拼命吸收养分，帮助树枝长出叶子。长出来的叶子反过来又会为树根提供养分。你愿意得到这种最美好的补偿吗？那就试着多去帮助别人吧。

在暴风雪肆虐的阿尔卑斯山顶，一位登山者独自被困在那里。他很清楚假如不能尽快找到避风处一定会被冻死。虽然腿都快要迈不动了，可是他知道自己不能停下来，否则失去了运动产生的热量，自己只会更快冻死。这时候，他的脚踢到了一个硬邦邦的东西。直觉和好奇心促使他扒开了雪堆，竟然是一个快要冻僵的人。要不要救他呢？这位登山者在犹豫。经历了痛苦矛盾的思想挣扎之后，他认为自己做不到无视另一个生命的逐渐消逝。于是他把那个人从雪堆中拖出来，脱下手套给他按摩。经过一番揉搓，快要冻僵的人身体渐渐温暖，居然可以活动了。而这位登山者因自己救活了一个同类而感到心灵温暖，同时努力按摩也让他身体感到暖和。两个人就这样搀扶着一起逃离了暴风雪。

这个登山者的故事发生在特定的一个小环境下，可它正是人类社会的缩影。我们每个人都不是孤岛，我们的同类并不是与自己没有关系。因为我们同在地球这所大船上，所以其实别人的好坏与你密切相关。表面上看起来，是你帮别人挪开了一块绊脚石，让他们变得更好。可是你根本没有想到，那块绊脚石居然变成了垫脚石，帮你到达了更高的高度。

这个故事发生在得克萨斯州，那是一个受上天诅咒的夜晚，风雪交加。这时候，一个名叫克雷斯的年轻人在郊外的马路上无奈而焦躁地叹息。他的汽车抛锚了，偏偏是这样的夜晚，偏偏是在这条行人稀少的路上。等了很久，他终于等到一位骑马的男子经过这里。对方问明了事情原委之后，二话没说，用马把汽车拉到了附近的小镇上，解救了万分窘迫的克雷斯。

毫无疑问，克雷斯对此感激不尽，他拿出自己身上所有的现金给那位男子，想要表达感激之情。但对方谢绝了，他说："这不需要回报，但我要你给我一个承诺，当别人有困难的时候，你也要尽力帮助他人。"

在以后的日子里，克雷斯信守自己的承诺，他尽自己所能帮助了很多人，并且从来不要报酬，只会向他们索要一个承诺，就像当初那位骑马男子所做的那样。

再后来，很多年之后，克雷斯已经成了一位老人。有一次他去一个小岛上旅行时，被突然暴发的洪水困在上面。这时候，一个勇敢的少年不顾生命危险，游过洪水救了他。当克雷斯满怀感激地道谢时，那位少年说："这不需要回报，但我要你给我一个承诺……"

听到这句自己说了无数遍的话，克雷斯心中充满了温暖，"原来，我穿起的这根关于爱的链条周转了无数的人，最后经过少年还给了我，我一生做的这些好事，全都是为我自己做的！"

也许你会觉得这种故事根本不可能发生，但你相信吗？世间很多事情就是这样，你不相信一只蝴蝶扇动翅膀足以永远改变天气变化。可是，蝴蝶效应告诉我们，一只蝴蝶在巴西轻拍翅膀，可以导致1个月后得克萨斯州的一场龙卷风。你不知道自己今天帮助别人，会在哪一天收获别人的帮助。

从严格意义上来说，帮助别人是不应该期望得到回报的，否则这种帮助就更像是一场投资，而不是发自内心的善意的帮助。但事情往往会这样，当你出于善意、不计报酬地帮助别人时，往往会收获意想不到的惊喜。更多时候，这种惊喜，未必是物质层面的，而是在心灵层面。

"帮助"往往意味着给予，施比受更有福。能够给予别人，不管在物质层面还是精神层面，首先就证明了自己的富有。而且，这种慷慨的帮助，能在施与受之间产生爱。表面上看起来，帮助别人会让我们失去一些，可是在更深层次，你得到了更强烈的存在感。你通过增加别人生命的价值，让自己的价值也得到提升。

更何况帮助他人本身就是一件快乐的事情呢？当你帮助别人的时候，会不知不觉地使别人身上的某些东西得到新生，这种新生的东西又能给自己带来新的希望。就像送人玫瑰，自己手中留有余香一样，你与他人一起分享了快乐、友善这些极为美好的东西，帮自己拥有了更加强大的内心。对于渴望幸福、成功的你来说，这难道不是极为珍贵的帮助吗？

欣赏身边的人并赞美他们

文艺复兴时期的法国作家拉伯雷说过:"人生在世,各自的脖上扛着一个褡子:前面装的是别人的过错和丑事,因为经常摆在自己眼前,所以看得清清楚楚;背后装的是自己的过错和丑事;所以自己从来看不见,也不理会。"所以,看到别人的错误和缺点非常容易,想要指责别人也非常容易。可是,假如现在让你赞美别人呢?

指责别人的本领,我们根本不需要刻意练习就可以拥有。可是赞美别人的能力,却是需要培养的。就像垃圾食品你会自发去吃,而健康食品却需要父母一再叮嘱才肯去吃一样。可是,作为健康食品,欣赏别人、赞美别人的能力对我们有益,值得你去努力掌握。

马克·吐温曾经说过,听到一句得体的称赞,能使他陶醉2个月。这话虽然夸张了点儿,但事实的确如此,每个人都期待他人的赞美,因为每个人都希望自己付出的努力被别人看到,自己所取得的成绩被别人认可。所以你给出的赞美一定能传递出友善的信息,赢得别人的好感。

在你看来,物理学家爱因斯坦和电影艺术家卓越别林会怎么看待对方呢?爱因斯坦曾经在看完《淘金记》之后写信给卓别林:"您的影片《淘金记》是一部世人都懂、都喜欢的作品,您一定会成为一位伟大的人物。"而卓别林是怎样回应的呢?由于爱因斯坦的相对论极少有人能理解,当时的很多著名物理学家还不承认这项发现的重大意义,很多人嘲笑爱因斯坦是疯子。所以卓别林回信说:"我更加钦佩您。您的相对论,世界上没有一个人懂,可是您终究会成为一位伟大人物。"

大多数情况下,我们的行为都会得到正面的回应。你用欣赏的眼光看待别人,夸赞对方很好,正常情况下,他总不好意思努力表现得很糟给你看吧?基本上这个世界上所有人,只要听到别人称赞自己的某一个优点,就会努力在这个人面前维护自己的这一形象。相信你也深有体会。所以，你想对方怎样对你，就给他一个与此相关的正面评价吧。

行为科学中有一个著名的"保龄球效应"，说的就是这个道理。假如现在有两位教练分别在训练自己的队员。一开始，两名队员成绩是一样的，都是打倒了7只瓶子。这时候，第一位教练说："真棒！打倒了7只。"而第二位教练说："怎么搞的？才打倒了7只，还有3只呢。"那么在接下来的训练中会出现什么情形？如你所想，第一个队员大大受到鼓舞，表现得越来越好。而第二个队员打得一次比一次糟糕。

你可以看到，同样的事情用赞赏和批评不同的态度来对待，效果会有多么大的差异。与此同时我们还要看到，就像保龄球的10只瓶子，很少有人能一次全部打倒一样，没有什么人是完美无缺的。他身上既有成功打倒的7只瓶子，也有还剩下的3只瓶子。关键在于你把目光盯在哪里，你是关注那7只瓶子，还是3只瓶子？

即使是最差劲的人身上也有优点，只是你没有发现而已。现在我们要做的就是努力从别人身上寻找优点，并且直接说出来。

比如，我乘坐出租车时，会对司机说："谢谢，您的车开得真平稳。"途经公园时看到美丽的花草会对园艺工人说："您把花木打理得真好。"在餐厅用餐结束给服务员小费时会说："谢谢您，您把我们照顾得很周到。"……说这些话花不了你太多时间，但却很可能给这些人带来一整天的愉悦心情。而在愉悦的心境下，他们又可以充满善意地对待其他人，这样一来，我们岂不是更有希望生活在一个更加友好的环境里？

在任何环境任何时刻对待任何人，赞美都是屡试不爽的交往艺术，只是我们一定要注意，自己的欣赏和赞美要发自内心，也就是说你一定要真诚对待自己说出的话，否则对方是有感觉的。一旦让别人感觉你的称赞过于刻意，会让情况变得非常糟糕。所以，你一定要避免在请别人帮忙之前赞美别人，也不要滔滔不绝、太过频繁地称赞，也不要同时称赞很多人，而是要具体而详尽地表述出你欣赏对方的地方，这样才能出现你想看到的结果。

敞开你的心扉与人交流

《圣经·旧约》上有一个"巴别塔"的故事,大意是说,最初,人类的祖先用的是同一种语言,所有人都可以畅通无阻地交流。于是他们的日子过得非常好,以至于有一天兴起了修建一座通天巨塔的念头。由于大家能够准确流畅地表达意见,大家合作起来的力量惊人,很快塔顶就已经冲上云霄了。上帝听到这件事后既惊又怒,认为巨塔是人类虚荣心的象征。假如人类因为讲同一种语言就能造出这样的巨塔,日后还会有什么事情不能做不敢做呢?于是决定把人间的语言变成很多种,每种语言里又有多种方言和土语。如此一来,造塔的人由于言语不通,经常出现误会,也就无法再建造巨塔了。

由此可见,人与人之间交流的力量是多么惊人,而交流本身又是多么不易。可是正因为不容易,所以能够拥有这种能力的人,才显得弥足珍贵。

石油大王洛克菲勒曾说:"假如人际交流能力也是同糖或咖啡一样的商品的话,我愿意付出比太阳底下任何东西都珍贵的价格购买这种能力。"沃尔玛公司总裁沃尔顿也说:"如果你必须将沃尔玛管理体制浓缩成一种思想,那可能就是沟通。因为它是我们成功的真正关键之一。"由此可见这种能力多么重要。

有位哈佛的毕业生说,他每次在应聘新的职位时,都需要填写自己的履历表,在特长一栏里,他并没有填写什么琴棋书画之类的东西,而是填写了"沟通"。对于这一点,几乎所有的老板在面试时都要对他进行一番考证,然后便是试用期,接着就是正式聘任、重用。这项特长,让他在找工作时特别引人注目。

只是,年轻的你也许还停留在自认为"没有人能够理解我"的阶段,认为无法或者没有必要与人交流。你也许会认为,理解我的人自然能够理解我,不理解我的人交流也没用。就像中国哲学家庄子所说的那样,真正的好朋友是"相视而笑,莫逆于心"。

我承认,这样的默契是存在的,因为眼神也是一种交流方式。比如,在篮球场上乔丹与皮蓬就是这样沟通的："我们两个人在场上的沟通相当重要，我们相互从对方眼神、手势、表情中获取对方的意图，于是我们传、切、突破、得分；但是，如果我们失去彼此的沟通，那么公牛队的末日就来临了。"

可是，眼神的沟通毕竟不够。即便是相互信任、彼此熟悉的两个人，也无法用肢体语言来完成所有交流。有这样一个经典故事可以告诉你这个道理。

传说在古罗马，美丽的公主爱上了英俊善良的青年侍卫。国王暴怒，把青年关进监狱。在公主的哀求下，他给青年一个机会。让青年在竞技场里，面对全国的百姓做选择：他面前有两扇门，一扇门后面是饥饿凶猛的狮子，打开后会被吃掉；另一扇门后面是全国最美的少女，打开后会为青年与少女举办盛大的婚礼。当然，青年不知道哪扇门后面是狮子。

在竞技场上，青年把目光投向公主。公主用充满爱意却又矛盾复杂的眼神向他示意其中一扇。可是青年该不该选择那扇呢？假如公主选择和青年一起殉情，会示意有狮子的那扇门；假如公主想让青年活下去，会示意有少女的那扇门。但问题在于，假如青年想要殉情，而公主想让他先活下去，这时候怎么办？基于对彼此的爱和信任，他们会站在对方立场上思考问题，以至于无法判断彼此的选择，也难以把握公主的示意。

所以，即便你觉得语言苍白无力，即便彼此充满爱、理解与信任，也无法不用言语交流。但交流这件事，从来都不简单，在信息输入与输出的过程中，需要很多学问和技巧。

寻找合适的时机，选择巧妙的语言，都可以让你的交流更顺畅。但最为重要的原则，是敞开心扉，真诚地与人交流。很多时候，交流的方式往往比交流的内容更为重要，因此在交流的过程中，一定要先引起对方的关注和取得对方的信任。所以，对人诚恳，让人感觉到你的诚意，是交流能够进入良性互动的必要条件。

任何交流都是生物体之间的一种交换和联络，包括情感、态度、思想和观念的交流。它的目的并不总在于说服对方，而在于让信息得到交换，或者寻求双方都能够认同的结论。你自己的内心再丰富、思想再活跃,也会有思维的盲点。更何况,你其实也在渴望得到别人的理解。所以,假如你不想让自己变得越来越狭隘,假如你不想让自己成为一座孤岛,就敞开心扉与人交流吧。

倾听让你收获颇丰

与"说"相比,"听"似乎显得容易多了。只要没有听力障碍,谁都会听。可是,问题在于,或许你能听到声音,可是你真的"会"听吗?据我了解,大部分人都不是很好的倾听者。因为种种原因,他们不能从倾听中发现价值。

我的朋友韦恩是当地一位小有名气的律师,他在法庭上咄咄逼人的气势和慷慨陈词给人留下了深刻的印象。但他始终都为自己不是最出色的律师而沮丧,即使只是在自己生活的这个城市都做不到最出色。要知道,他的目标是成为艾伦·德肖维茨那样的大律师。

就当他在为自己事业陷入瓶颈期而烦恼时,遭遇了另一重大打击。由于他对自己严重的扁桃体炎置之不理,终于发展到需要住院的地步。医生告诉他需要给咽喉做一个手术,但手术后1个月,他必须保证不说任何话。

对他来说,这简直是不可能做到的事情。可是为了不让自己永久失声,他必须在这1个月里保持沉默。毫无疑问,一开始的几天他极为难受,因为无法表达而变得脾气暴躁,可是依然不能发出声音。渐渐地,他习惯了沉默。

再然后,他发现,自己学会了倾听。以前,妻子经常抱怨他从来不肯听自己说话,因为在和妻子交谈时,他要么是在发表意见,要么只是点头敷衍,毫无诚意。而现在,他不能说话了,就安静地听妻子讲。他发现,原来妻子的声音已经变了，不是自己认识时那个甜美的女孩的声音，但低沉的声音依然迷人。他也认真听妻子的所有牢骚和意见，虽然不能做出回应，但他发现，妻子明显能感受到他的专注与关心。

1个月过去之后，医生告诉他咽喉恢复良好，他可以开口说话了。与此同时，他发现自己和妻子的感情也更亲密了，因为他们现在可以很好地交流。这不是因为他的口才变得更好了，而是他懂得倾听了。更出乎意料的是，在工作中他也大有起色，因为他肯认真倾听客户、对方律师、陪审团、法官等所有人的言语，对案件细节把握得更加准确，胜诉率也进一步提高。

相信我这位朋友的经历会对你有所启示。著名心理学家卡尔·罗吉斯在他的著作《如何做人》中说过："当我尝试去了解别人的时候，我发现这真是太有价值了。我这样说，你或许会觉得奇怪。我们真的有必要这样做吗？我认为这是必要的。在我们听别人说话的时候，大部分的反应是评估或判断，而不是试着了解这些话，在别人述说某种感觉、态度和信念的时候，我们几乎立刻倾向于判定'说得不错'或'真是好笑''这不正常吗''这不合情理''这不正确''这不太好'。我们很少让自己确实地去了解这些话对其他人具有什么样的意义。"

事情总是这样，我们往往以自我为中心，太在意自己的观点而非常容易忽略别人言语的意义，因此也难以收集到其中蕴含的信息。要知道，倾听有重要的价值，你是否意识到了？

第一，它可以让你获取信息。很多有价值的信息都是在不经意间获得的，而且还有助于你判断说话者是怎样的性格。

第二，善于倾听，才能善于说话。假如急于表现自己的观点却毫不关心对方在说什么，那么你的言语会没有针对性和感染力，对方也不会乐意接受。

第三，认真倾听，你才能更好地说服对方。假如你想要让对方认同自己，靠的不能只是滔滔不绝的辩论，还要听出对方的立场和弱点以及坚持的理由，这样才能最有效地说服。

第四，你的倾听可以收获善意。正因为人人都喜欢发表意见，所以给他们一个机会发言，你会迅速获得对方的好感与信任。

现在，你应该已经认识到倾听的重要性了，可能也想成为好的倾听者。不过，你认为怎样才是好的倾听者呢？

根据卡耐基先生的理论，倾听有五个层次：第一层是漠不关心地听，根本连耳朵都没有打开；第二层是假装在听，听进耳朵里，却没往心里去；第三层是选择性地听，只听自己想听的内容；第四层是倾听，也就是积极进行换位思考地听，不仅能听到事实，还能听到对方的心理；第五层则是专业咨询师级别的倾听，需要经过专门训练。心理治疗师往往要经过 3000 小时的学习才能拿到执照，这种听，能让对方自愿讲出自己本来不想讲出的话。

请你判断一下，自己在听别人讲话时，最高能到达哪一层级？也许我们做不到第五层，但至少还是可以努力达到第四层的。在倾听这门课上，假如你能够获得优异成绩，从中获得的知识、信息和机遇，绝对会让你感到惊喜。

遵守你做出的任何承诺

著名的商业大亨 J.P. 摩根曾经说过这样一段话："一旦你在金钱的使用上有了不良的记录，我们公司就不会雇用你。很多公司也跟我们一样，很注重一个人的品行，并且以此作为晋升任用的标准。即使那个人工作经验丰富、条件又好，我们也不任用。我们这样做的理由有四：第一，我们认为一个人除了对家庭要有责任感外，对债权人守信用是最重要的。你在金钱上毁约背信，就表示你在人格上有缺陷。买东西必须付钱、欠债必须还钱这是天经地义的事。在金钱上不守信用，简直与偷窃无异。第二，如果一个人在金钱上不守诺言，他对任何事都不会守信用。第三，一个没有诚意信守诺言的人，他在工作岗位上必定也会玩忽职守。第四，一个连本身的财务问题都无法解决的人，我们是不任用的。因为多次的财务困难很容易导致一个人去偷窃和挪用公款。在金钱方面有不良记录的人，犯罪率是一般人的10倍。当我们支出金钱时，要诚实守信，这一点也同样适用于我们做人处事。"

这也是很多人的心声。也许不肯信守承诺可以换来一时的利益，但利益可以以后再获得，信誉和信任却不同，它一旦失去就很难重建。假如某些事情我们不能胜任，就不要轻易答应别人。可是一旦答应了别人，就必须践行自己的诺言。

百事可乐的总裁卡尔·威勒欧普就是这样一个人。有一次他要去科罗拉多大学演讲，当地一位名叫杰夫的商人听说了此事非常兴奋，就通过演讲主办者约卡尔见面。卡尔看了看行程，演讲结束后还有15分钟时间，就答应了。

卡尔的这次演讲非常成功，大学生们与他有良好的互动。他兴致勃勃地讲述自己的创业史，讲一个人想要成功应该遵守哪些原则。结果不知不觉中已经超时了，当然不会有人打断他，所以他也没有停下来的意思。显然，他已经完全忘了与杰夫的约定。而杰夫为了赴约，早早就在礼堂后面等候了。

正当卡尔继续谈论成功法则时，一个人显得极不礼貌地从礼堂外走进来，径直朝卡尔走过来，一言不发地放下一张名片离开了。卡尔拿起来，看到名片背后写着："您答应杰夫·荷伊在下午3点半约见。"

他猛然想起了答应别人的这次约会。现在该怎么办呢？自己怎么能一边在这里大谈做事要信守承诺，一边却与人失约呢？所以，没有任何犹豫地，他中止了自己的演讲："谢谢大家来听我的讲演，本来我还想继续和大家探讨一些问题，但我有一个约会，而且现在已经迟到了。迟到已经是对别人的不礼貌，我不能失约，所以请大家原谅，并祝大家好运。"

虽然他选择丢下兴致正浓的学生们,但大家却对他报以雷鸣般的掌声。卡尔迅速走出礼堂,找到了正在等待他的杰夫并且道歉。这次见面之后,杰夫总会把这段故事讲给朋友听,越来越多的企业家都对百事可乐更加信任了。

如果你认为他丢下学生去会见一位潜在的商业伙伴不足以证实其对承诺的重视,那么我们可以看另一个故事。

女儿生日那天,卡尔答应要一直陪她。下午,他接到市长的电话邀请他参加晚宴,他毫不犹豫地谢绝了:"很抱歉,我已经说好今天晚上陪女儿过生日。我不想做一个失约的父亲。"

为了好好陪伴女儿,回家之后他关闭了手机。可是,刚刚切完蛋糕,他的助理就急匆匆赶来了。公司有一位非常重要的大客户,临时到了这里做短暂停留,希望能够会见卡尔。卡尔为难地说,自己已经答应女儿整晚都陪在她身边。助理委婉地提醒他,这位客户太重要了,真的不能得罪,否则自己也不会在总裁关机拒绝打扰的时候赶过来。

这时候,连懂事的女儿也过来劝卡尔,说自己已经很开心了,让爸爸去忙自己的工作。可是他还是告诉助理:"我觉得我还是应该留下来陪女儿,你去接待一下客户,并替我转达真诚的歉意,跟他约好时间,届时我会亲自登门拜访。"

第二天一上班,卡尔就打电话给那位客户道歉,可是客户不但没有生气,反而对他表示赞赏:"卡尔先生,其实我要感谢您啊,是您用行动让我真切地记住了什么叫作一诺千金,我明白百事可乐公司兴旺发达的真正原因了。"后来,这位客户竟然因此跟他成了非常亲密的合作伙伴,即使在百事公司遭遇困难和危机时依然对卡尔表示信任。

正因为这个世界上太多人过于轻率地对待自己的承诺,不肯牺牲眼前的利益来遵守承诺,所以,重视承诺的人才显得更加珍贵,更容易令人信任和佩服。因此,他们也往往能取得最后、最大的成功。

宽容会让你和对方都轻松

如果现在把所有的美德放在你面前，让你从中挑选出一种，那么你会选择哪一种呢？我会选择宽容。在哈佛大学商学院的必修课程中，有一部分内容是关于非智力因素对个人成功的影响。这项专门研究显示，在所有非智力因素中，宽容的作用极为突出，也是成功必不可少的基本素质。

假如你要去林肯纪念馆，请你注意看看墙壁上刻着的一段话："对任何人不怀恶意，对一切人宽大仁爱，坚持正义，因为上帝使我们懂得正义。让我们继续努力去完成我们正在从事的事业，包扎我们国家的伤口。"这是对他一生的描述，也是一个伟大人物该有的人格魅力。每每读到这段话，我都会非常感动。

斯宾诺莎，这个被黑格尔誉为"一个真正的哲学家"的人说过这样一句话，"人心不是靠武力征服的，而是靠爱、宽容和大度征服的。"林肯用自己的实践很好地证明了这句话。

由于父亲是一名鞋匠，林肯曾经遭受过很多人的羞辱，也遭受过很多政敌的嘲讽，但面对这一切，他始终友善而真诚，用将敌人变成朋友这种方法来消灭政敌。

比如，有个叫埃德温·斯坦顿的人，尖酸刻薄而且傲慢。林肯就职后，埃德温说他"愚不可及"，称他是"原始的大猩猩""伊利诺伊的猿人"。面对这种明显是人身攻击的评价，林肯没有计较，因为埃德温是个能力超群的人，林肯认为他具备陆军部长所需要的气质，所以他不计较埃德温那无礼的态度，依然任命斯坦顿为陆军部长。事实证明，这一决定对于赢得南北战争至关重要。后来，也因为林肯的宽容，埃德温渐渐对他消除了成见，两个人之间的关系变得亲密友好。

这种宽容，可以让自己和对方都更加轻松。表面上看起来是你宽容了别人，实际上是你放过了自己。想想看，当你的心被愤恨、怨怼充满时，自己真的开心吗？

鲍勃·胡佛是一位试飞员，他的工作是在各种航空展览中进行飞行表演。当然这份工作有一定的危险，他的生死与飞机的安全性能密切相关，丝毫大意不得。

有一次，他在圣地亚哥举行的一次航空展览结束之后，驾驶飞机飞回洛杉矶。然而，就在飞机刚刚到达空中300米时，两个引擎都突然熄火了！因为驾驶经验丰富而且技术娴熟，他成功地让飞机着陆了，自己和机场都没有人受伤，但是飞机已经严重损坏了。

确认安全之后，他要查找事故原因。根据经验，他判断是飞机燃料有问题。果然不出所料，他所驾驶的这种螺旋桨飞机用的燃料是汽油，而油箱里面装的却是喷气式飞机燃料。

找出原因之后，他提出要见见为自己保养飞机的机械师。当他见到那位年轻的机械师时，后者正因为自己粗心大意酿成的这场灾难惶恐不安。他差点害胡佛失去性命，而且害公司损失了一架昂贵的飞机。他不知道胡佛将会怎样的愤怒，也不知道会怎样责骂他。

然而，让他意外的是，这位平时非常严厉的飞行员没有责怪他，相反，他做出了一个非常友好的举动，用手臂抱住机械师的肩膀说："为了表示我相信你不会再犯错误，我要你明天再为我保养飞机。"

安德鲁·马修斯在《宽容之心》说："一只脚踩扁了紫罗兰，它却把香味留在那脚跟上，这就是宽容。"你能做到像林肯、胡佛和紫罗兰这样宽容别人吗？纪伯伦说："一个伟大的人有两颗心：一颗心流血，一颗心宽容。"你认为自己能成为一个伟大的人吗？

其实对我们大多数人来说，日常生活中不大可能与人有多么深的仇恨。所以宽容别人没有想象中那么难。而且，我们也不需要用原谅仇敌来培养自己的宽容。你只要用一颗更加充满爱、体贴与善意的心对待别人，大部分时间都可以做到宽容。

比如，你去餐馆用餐，服务员忙得不可开交，你认为自己被怠慢了。而且，那位新来的服务员一不小心还弄错了你点的食物。这时候，假如你微笑着说"没关系"而不是对她大吼大叫，这就是一种宽容。它可以让你更轻松，也让对方更愉悦。在与人交往时，还有什么比这更值得呢？

只是，宽容也要有学问，我们需要注意不要让它变成纵容，也不要宽容到免除对方应该承担的责任。否则，这种过分的宽容对彼此就有害了。真正的宽容不是毫无原则地忍让，而是给对方悔过的机会，给对方重新选择的机会。只有这样，我们才能让宽容对自己有益。

第七章 改掉坏习惯，做最优秀的自己

这个世界上不存在完美的人，所以每个人或多或少都有一些不好的习惯，这可以理解但并不可以纵容。在时刻变动的环境里，能够生存下来的、能够过得更好的，一定是这个种族中更优秀、更懂得完善自我的。坏习惯虽然在某种程度上难以避免，但幸好它们并非不可改变，关键是自己认识到身上存在的坏习惯，并且掌握恰当的方法去改正。

不要"放纵"自己

你一定读过法国作家安东尼・德・圣埃克苏佩的作品《小王子》吧？还记得下面的这段情节吗？

小王子访问的某个星球上住着一个酒鬼。小王子看到他的时候，他正坐在一堆酒瓶面前。那些酒瓶有些是空的，有的装着酒。

"你在干什么？"小王子问。

"我在喝酒。"他看起来很忧郁。

"你为什么喝酒？"

"为了忘却。"酒鬼说。

"忘却什么呢？"小王子有点同情他。

"为了忘却我的羞愧。"酒鬼低下头。

"你羞愧什么呢？"小王子追问，他很想帮他。

"我羞愧我喝酒。"说完以后，酒鬼再也不理小王子了。

"这些大人确实真叫怪。"小王子一边自言自语，一边迷惑不解地离开了。

是啊，当我们是孩子的时候，也许跟小王子一样，觉得那些大人真是奇怪，明明一喝酒就后悔还是要不停地喝，明明一直为减肥苦恼却还每天都放纵自己大吃冰激凌和奶酪，明明吵着没时间工作没时间学习却还浪费大量时间做一些毫无意义的事情……我们不知道这些大人到底是怎么回事。

现在，已经或者即将成年的你，应该会发现，这些人有一个共同点：没有自控能力，放纵自己的坏习惯掌控自己的生活。你一定也知道，没有人愿意处于这种状态，可是却有那么多人处于自己并不喜欢的状态，而且一再纵容自己。

如果你觉得这不过是一些生活小节，人活着应该对自己好一点，放纵自己的某些喜好也没关系，那么请来看看拿破仑·希尔的一项调查。他在研究成功学时，曾经对美国各州上百所监狱的16万名犯人的性格做过研究，这些犯人都是成年人。他发现了一个惊人的现象，这些犯人中的90%都缺乏必要的自制力和忍耐力，于是他们总是一再纵容自己，终于到了不可收拾的地步。

其实大家都很清楚自己身上的哪些习惯是有益的，哪些是自己不认可的。对于自己不认可的习惯，请不要再说"我就是这样的人，改不了"。我们在成长过程中会形成自己独有的行为模式，处于这种模式之中，我们就会感到舒适，然后我们会认为自己就是这样的人。然而事实不是这样的，这些模式是可以改变的，不要认为那就是真实的自己，不要轻易对自己做出评价，更不要纵容自己处于舒服的状态不肯改变。

艾米丽刚刚工作，爱加班的名声就传遍了整个公司。原来，不管什么工作，她都喜欢拖到最后一刻去做。比如，周一开会，老板让她周四之前把会议记录整理出来。那么即使周二闲得无聊她也不会动手去做，一定要等到周三她才肯动手，然后也一定要等到大家都快要下班了她才肯进入状态。然后就加班熬夜把工作赶出来，第二天带着满脸疲惫和满眼红血丝把工作报告交给老板。

一开始大家没有发现这个规律，老板还夸奖艾米丽勤奋敬业，这些赞扬更加强化了她的这一恶习。那么，艾米丽是怎样养成这一习惯的呢？

这要追溯到童年时代。艾米丽的妈妈是一个对任何事情都要求非常严格的人，不管是艾米丽的功课还是完成的家务，妈妈总是要吹毛求疵挑剔一番，对其中的任何差错都会狠狠地批评。渐渐地，艾米丽开始寻找不挨骂的方法。她发现，只要自己最后一刻才把事情做完，这样即使妈妈责骂也没有办法再让她重新去做了。而且，妈妈看到自己熬夜，还会因为自己的态度良好而更宽容一些。就这样，在妈妈的坏习惯下，她养成了自己的坏习惯。

　　一开始，这种做事方式没出什么问题，还为她带来了一些称赞。但渐渐地，当所有同事都发现，原来这是她一贯的做事方式时，赞扬声消失了，随之而来的是埋怨与斥责。因为艾米丽总是在最后一刻才能完成任务，一方面不能帮团队加快进度，另一方面由于时间紧迫很容易出问题。于是，当艾米丽又一次因为自己拖了整个团队的后腿时，老板严厉地批评了她，"假如你不能在这一问题上有所改进，我们只能很遗憾地辞退你。"

　　艾米丽觉得很委屈，可是除非不再纵容自己的坏习惯，否则没有人能帮她。

　　虽然改掉这些长久以来被自己纵容的坏习惯很难，不仅需要勇气更需要毅力，但我们一定要意志坚定。当你下决心不再纵容自己时，就给自己制定一些规矩，然后严格执行。如果不能一步到位就改掉，那就分步骤一点点进行，让坏习惯逐渐缩水。比如，想要控制体重的你，可以先用巧克力、冰激凌、蛋糕等喜欢的食物代替油炸食品，然后再用酸奶等代替巧克力，再然后让自己慢慢喜欢上新鲜水果蔬菜。同时，为了让自己的意志力不要总接受挑战，我们可以远离诱惑。比如，避开快餐店、糖果店等。

诱惑的背后隐藏着"毒蛇"

　　"我们去喝一杯吧，你不会不敢喝吧？"

　　"来吧，喝酒真是酷毙了。"

　　"我敢打赌你肯定怕你妈发现。"

　　"我们是哥们儿，难道还会害你不成？"

"你想让人觉得你是不合群的吗?"

我认识太多年轻人,面对诱惑、面对这些言语选择了妥协。很多年之后也许你会觉得自己太逊了,就为了这些话尝试了很多你自己原本不愿意去做的事情。你认为做自己想做的事需要很大勇气,拒绝别人的诱惑需要更大勇气。可是,假如那些人真的认为自己很酷,还需要靠喝酒、嗑药去努力证明自己吗?假如这些人真的是朋友是哥们儿,他们会尊重你的选择,而不是拉你去做你不愿意做的事情。

只是这些道理,你要很多年之后才能明白。或者,你本身也经受不起诱惑,因此做一些让自己以后羞于提起的事情。可是,你真的觉得这都是一些小事吗?不过是去喝一次酒,不过是嗑几口药,不过是与大家寻点乐子……所有这些都不过是一些不值一提的小事,用得着大惊小怪吗?是的,因为这些诱惑的背后,隐藏着毒蛇。

乔治·唐纳是一家跨国公司的老板,他在哈佛跟学生交流时讲过自己亲身经历的一件事情。他喜欢去荒野打猎,常常带着向导去丛林里冒险。可是有一次,当他们追捕一头狼到了丁字路口时,面对端着枪站在道路两端的唐纳和向导,狼本来应该选择那条没有人把守的岔道。当然我们知道,那是一条死胡同。可是那头狼却没有,它冲着向导的枪口冲了过去,枪声响了,狼中弹倒下。

唐纳迷惑不解地问向导,这头狼这么愚蠢吗?向导告诉他:"这里的狼很聪明,它们知道向人冲过来只要夺路成功,就有生的希望,而选择没有人守着的岔道,必定是死路一条,因为那条看似最安全最有诱惑性的路上必有陷阱。这是它们在长期与猎人周旋中悟出的道理,我们当地人都知道。"

唐纳听了这段话大为震惊,人类世界不也是这个样子吗?在这个竞争激烈的社会中,我们需要的不正是这种能够辨别陷阱的能力吗?后来,他救活了这只给他带来启示的狼。

人类在长久的历史中也总结出了类似的规律,坟墓前面总是装饰着美丽的鲜花,让你舒舒服服地上当,不知不觉地走向深渊。所以,我们一方面要像狼一样学会辨别哪些诱惑是致命的、哪些才是真正安全的，还要努力去抵制这些诱惑，否则早晚要付出惨痛代价。

在古希腊神话中，在一望无际的海面上有一座海岛，住着的不是善良的小美人鱼，而是海妖塞壬三姐妹。

传说，海妖塞壬是半人半鸟形的，她们有着无比美妙的歌喉。每当附近海面有船只经过时，她们就坐在花丛中，唱起天籁般的动人歌声。那美妙的歌声蛊惑人心，过往的海员和船只都经受不起这美妙歌声的诱惑，忍不住前往海妖所在的小岛上，然后他们就会撞上岛旁的礁石，船毁人亡，几乎没有人能够幸免，除了希腊神话中的英雄奥德修斯。

奥德修斯由于事先得到了女神喀耳斯的忠告，知道自己将要经受诱惑。于是做了很多防备措施，船离塞壬姐妹所在岛屿还很远，根本还不可能听到歌声，他就命令手下船员把自己绑在桅杆上，然后让船员们用蜡把耳朵都塞住。他还告诉船员，在通过前方小岛之前不要理会自己的任何命令和手势。通过之后，再把自己放下来。

通过小岛时，果然，奥德修斯听到了令人神往的歌声。那歌声如此迷人，以至于意志坚定的奥德修斯都强烈挣扎着想要把船朝着塞壬姐妹开过去。但由于之前的防范措施，没人理他，于是他们顺利通过了小岛，于是他成了唯一听过塞壬歌声诱惑却幸免于难的人。

我讲这个故事肯定不是想要告诉大家塞壬的歌声多么美妙。如你所知，任何诱惑都像海妖的歌声一样非常动人，因此才能吸引我们一步步走向毁灭。不管是想要酷、想要合群、想要个性、想要证明自己勇敢……这些诱惑都吸引着我们去做那些自己明知道不大妥当的事。

好消息是，奥德修斯的经历告诉我们，这些诱惑是可以用勇气和智慧战胜的，有时候还需要毅力和信心。我们要相信，只要我们自己愿意，经过努力就完全可以提高判断能力并且约束自己，然后拒绝并且战胜这些致命诱惑。

懒惰是失败者的"温床"

"我很懒，懒到懒得为自己的存款寻找更高的利率，懒得为自己制订养老金计划，懒得去索取折扣券……我很有钱吗？不，我是个穷人。"

当我读到福布斯杂志列举的懒惰的代价时，曾经拿这个问题去问过一些人。在我随机采访的20个人中，有13个人也通常会等到最后1秒钟才会把邮件寄出去，到最后1分钟才会把垃圾丢出去，到最后1小时才肯动手处理明天是最后期限的工作。他们中的很多人经济状况并不好，却依然懒得讨价还价。这种种行为，是不是可以从某种程度上解释为什么他们的经济状况越来越糟糕？

我也曾经反思过自己身上是否有懒惰的行为，答案是有。我懒得在家里做更健康的饭菜、我懒得打理自己的园艺工具以至于总是因为生锈要买新的、很多小伤痛我懒得去看医生以至于后来要吃更多苦头、我懒得出门去拜访一个并不那么重要的朋友以至于在未来的某一天失去机会……反思过后，我一直都在努力改进，这也让我离成功越来越近。

那么，你呢？懒惰跟你有关系吗？我相信年轻的你，很少有人能经受得起它的诱惑。懒惰的表现形式非常多样，从极端的懒散状态到轻微的犹豫不决，都是它的表现。

你是否总是有很多想做却始终没有动手做的事情；连自己喜欢的事情也懒得做；不喜欢锻炼身体和体育运动；日常起居极无规律，没有要求，不讲卫生；常常迟到早退并且不以为然；不能按要求完成任务；东西常常丢三落四；不肯主动思考问题……假如这些现象在你身上出现了，那么我已经看到了懒惰的影子。

毫无疑问，懒惰是一种很舒服的状态。你可以懒懒地躺在床上，爱睡多久就睡多久；你可以不洗澡不刷牙不换洗内衣；你可以整天叫外卖吃快餐；你可以把穿脏了的袜子直接丢掉买新的；你可以任由体重不断增长也绝不运动一下；你可以从来不做家务全都交给钟点工清洁；你甚至可以不学习不上班，只要你明天还有饭吃有地方住……

多么舒服的状态啊，可是，一旦你深陷其中，就好像温水煮青蛙中的那只青蛙一样，让自己一步步走向灾难。正因为懒惰是非常有诱惑力的，所以每个人都可能败在它手下，于是许许多多根本不难办到的事情，被我们一再搁置，最终造成了一个充满遗憾与失败的人生。

而且，懒惰不仅是失败者的温床，更会让你付出巨大的代价，不管是身体还是心灵。想想看，身体懒惰就会让亚健康甚至不健康的生活方式伴随你，你希望自己的身体变成垃圾食品回收站，希望自己的身体成为细菌和病毒恣意疯长的场所吗？假如你不希望病痛吞噬自己的身体，就不要纵容懒惰肆意蔓延。身体是这样，心灵也同样如此。

正如富兰克林所说："懒惰像生锈一样，比操劳更能消耗身体。"因为辛勤操劳消耗的只是体力，而懒惰消耗的却是心智。懒惰是一种心理上的厌倦情绪，这正是人生成功与幸福的大敌。

毫无疑问，我们中的大多数人都不能问心无愧地说："我今天过得毫无遗憾。我已经努力把今天需要做的事情全部完成了。"很多人更喜欢在早上赖床，起来之后发呆，能拖到明天的事情今天决不动手，能推给别人的事情自己决不插手……这也就是为什么这个世界上遍地都是失败者，而成功者永远那么少。

那么，我们该怎样赶走懒惰这个敌人呢？最直接的方法是为自己寻找一个目标和可以激励自己的力量。问问自己，你要得到什么？你最喜欢、最向往的东西是什么？先在心里为自己找到这个答案。当你确定目标之后，会发现许多行为开始变得有意义。当你认为某件事情有意义并且你有足够的动力去做时，自然就不会再漫无目的地懒惰下去了。

这个世界上的很多事情都会陷入循环状态，良性或者恶性。一个进入勤劳状态的人，心中就不会有长久驻足的懒惰。所以，使自己忙碌起来也就成了克服懒惰最直接、最有效的方法。与此同时，经常告诉自己，"人生很短，没有多少时间可以让我们浪费！"这样一来，懒惰也就失去了容身之地，你离自己的梦想也就更近一步。

杂乱无章的人容易陷入被动

不管你现在是在教室的课桌前，还是在家中的卧室里，请暂时放下手中的书，看看自己身边的环境吧。你的桌子上是乱七八糟地堆着书籍、钥匙、便笺纸、书签、水杯、纸巾、照片、纪念品以及各种小玩意吗？需要找某一本书时，你是迅速从书架上把它拿下来，还是在堆得很有艺术感的书堆中翻来翻去，然后在毁掉半壁江山后才如获至宝地把它找出来？

我相信从小到大，你一定接受过"做事情要养成有条不紊和井然有序的习惯"这样的教育，不管是父母还是老师都叮嘱过你，东西要整理得井井有条，做事要统筹安排，按部就班进行。可是，你真的做到了吗？崇尚张扬个性的你，喜欢整理自己的房间和物品吗？

我看到很多很多学生，他们的书包里、书桌上总是杂乱无章地堆满了各种书籍资料，以及与学习无关的物品，比如喝了一半的牛奶、翻得卷了边的旧杂志以及游戏机等等。在这样的环境下学习，我不知道你的学习效率是否能够得到保证，也许你依然可以保持高效。但假如在这样的环境下工作，你就很容易陷入被动。

在《有效的经理》中，史蒂芬·柯维这样说："我赞美彻底和有条理的工作方式。⋯⋯看看彻底和有条理经理的工作方式。他桌上的公文已减到最少程度，因为他知道一次只能处理一件公文。当你问他目前某件事时，他立刻可以从公文柜中找出。当你问起某件已完成的事时，他一眨眼就能想到放在何处。当交给他一份备忘录或计划方案时，他会插入适当的卷宗内，或放入某一档案柜。再看看他的手提箱。箱中并不是3天旅行所用的东西，而是归类分明、随时要用的公文。其中也许有小说和文具，但绝不是一个废物箱……"

可以想象得到，在工作场合，你的上司更愿意看到一个办公桌井然有序的员工。他还生动地给出了一个反例，一位经理每天都煞有介事地拎着一个大大的公文箱回家。有一天当他无意中拉开公文箱时，被人看到了里面的内容，包括两根啃过的棒棒糖、一份杂志、一本涂抹得乱七八糟的书，还有一个橡皮擦，以及一大摞没有整理整齐的公文。他认为这种东西杂乱无章的人很难让人产生做事"有条理"的感觉，进而很难产生信任感。

虽然你认为物品摆放是否有条理只是个人习惯问题，虽然你认为自己的物品看似杂乱实际上却是乱中有序，想要找什么东西的时候自己依然能够快速定位，但很遗憾你的上司和同事不会这样想。单凭这一点，上司和同事就很容易得出"他啊，不可靠，还是交给别人吧"的结论。上司会认为，在这样一个乱糟糟的环境中，你一定要花费大量时间找东西，一定会浪费很多时间和精力。所以他会选择不把重任和机会交给你。而同事会认为，这个人东西都摆得乱七八糟，做事也一定没有条理，会拖我们后腿。所以他们会选择不与你合作。就这样，杂乱无章的人就这样看似非常冤枉地陷入了被动。

事实上呢？别人冤枉你了吗？在这种看似随意的环境中，你的心情未必能够放松。也许你是为了不忘记所有要做的事情，因此把所有文件和物品都堆在桌子上以便提醒自己。可是一张便笺纸可以解决的事情，没有必要养成杂乱无章的坏习惯。因为这些东西虽然可以分散你的注意力、提醒你还有哪些事没做，但同时也会在你应该专注时分散你的注意力，让你不能专心做事。而且，在绝大多数情况下，东西越堆越多，越堆越高，旧的会被新的掩盖，你并不能实现自己的初衷。

所以，倘若你不想总让自己陷入被动，就试着用条理来取代杂乱吧。花上一两个小时为自己创造一个洁净整齐的环境是值得的。对此，我有以下一些建议和你分享。

把你的所有物品分类归置，然后把每一类东西放在指定的位置。

用透明塑料的文件袋收藏文件，可以一望即知，然后用不同的颜色分类。

不要把东西随手丢在桌子上，判断每一件物品是否值得保留。

只保留需要的和真的想要的。丢掉那些落满灰尘的物品，你才能享受更多空间。

丢掉许多年前的杂志吧，你不会有兴致重新看一遍的。

把衣柜中再也不会穿的衣服丢掉或送人，把衣服按季节和用途分门别类。

电脑里的东西也同样要整理，保持桌面的清爽，保持文件命名的准确与完整，以便可以利用搜索工具迅速找到。

诸如此类的方法还有很多，假如愿意，聪明的你一定可以结合自己的日常习惯整理出一个干净清爽的环境。试试看，这一定可以给你带来更愉悦的感受和更高的效率。

攀比会让自己彻底迷失

英国沃里克大学的教授克里斯·博伊斯和同事们进行了一项研究，他们调查了1万个人之后发现，我们是否快乐，并非取决于收入。他说："过去40年里，每一个人的生活水平都提高了，所有人都是这样……我们的车变快，邻居的车也变快，与那些跟我们关系密切的人相比，我们没有优势。""如果朋友年薪是他的双倍,一些人年薪 100 万英镑(约合 153 万美元)可能都不觉得快乐。""一些人住着大房子、开着新款汽车,但如果在熟人圈中房子不是最大,汽车不是最新,他就感觉不到这些物质本应带来的那份快乐。"

很难理解吗?一点儿都不。作为一个从小看着《赶上邻居琼斯》漫画长大的孩子,我非常清楚这个道理,非常清楚自己身边存在着许多攀比现象。假如年轻的你没有看过这个漫画或者没有听过这个典故,那么让我来告诉你。

简单来说,漫画家阿瑟·莫曼德讲述了一个年轻人的故事。在 1913 年的时候,他 23 岁,周薪已经达到 125 美元,那已经是相当高的收入了。他原本可以过得很快乐,他也的确过得很开心。直到他结了婚,和妻子一起搬到了纽约一个更高级的社区,拥有了很多富有的邻居。他的邻居琼斯一家非常富有,这让年轻人很不愉快。于是,在看到琼斯家有仆人之后,他也雇了一个佣人。看到琼斯家经常举行盛大派对,他也为新邻居们举办了一个大派对。就这样,他陷入了和邻居琼斯攀比的泥潭,处处都模仿琼斯家的排场。可是,琼斯家非常有钱,自然可以承担得起各种豪华奢侈的花费,而年轻人的周薪根本不足以维持这样的局面。很快,他就因为这种竭力与琼斯攀比的行为入不敷出了。直到这时候,他才后悔莫及。

所以,很小我就知道,在我生活的这个社会,大多数人在自己变得富裕时,希望大家都知道;当他自己没那么富裕时,就希望人们认为他是富裕的,因此会努力在排场上与富裕的人、社会地位高的人攀比。我还发现了,正因为这样,我们的快乐指数与自己拥有的财富多少没有太大关系,相反,它取决于对比。当我们比身边的人拥有更多时,我们就会更快乐。简单来说,假如你有 2 元钱,可你的同学、同事、邻居都只有 1 元钱,那么你依然很快乐;但假如你有 2 亿,而你身边的人都有 20 亿,虽然这些财富你可能一辈子也用不完,2 亿和 20 亿之间只是数字的差别,你依然会不快乐。

想想看,在你身边或者自己身上是否存在这种现象呢?我承认,尽管自己很早就知道,不应该和邻居琼斯进行攀比,但自己依然没能完全摆脱掉它。

装饰房子的时候,我会观察邻居的房屋风格,一定要跟他们不一样,从屋顶的颜色到车库的大门,都要比他们的更漂亮更有创意更能吸引人。

修整花园的时候,把草坪剪得更漂亮自然不必说,我还不惜花费大笔费用请来有名的园艺设计师,为花园设计花草的布局。而且每年还要花样翻新,让花园不断更换样貌。

每年圣诞节的时候,我会精心挑选圣诞树和礼物的包装盒子、礼品卡,我一定要把自己的圣诞树装饰得不比任何一个邻居家的逊色……

但幸好,我跟别人的攀比仅限于此。所以我安慰自己,这是为了追求更美好的生活质量。我不会这样说:"嗨,卢克,你们家哈莉怎么没去哈佛见面会啊,我带我们家杰瑞去的时候,本以为可以见到她的。"这种靠打击别人来满足自己虚荣心的行为我不曾做过,而且我会量力而行,更有理性,不会超出自己的承受能力与人攀比。

我认识一位在次贷危机中破产的女士,她是这样解释孤身一人的自己为什么要买那么大一栋别墅的:"当你看到别人买了大豪宅,而自己还住在一间很小的公寓里时,心里没有失落感是不可能的,你会想自己到底什么地方不如别人,为什么不去贷款买大房子,别人可以的我也可以。"有多少人是因为彻底迷失在这种攀比心理中,以至于让自己背上沉重的债务负担和心理压力的呢?

所以,哈佛商学院一位教授在学生毕业前的最后一堂课上这样忠告他的学生:"如果几年之后你接到母校的邀请,要求你回校参加5年1次的同学聚会,那是件危险的事,不要去。"理由是,这次聚会,会逼着你审视自己在毕业之后所取得的成就,而且是以世俗的标准——收入多少、职位高低,没有人会考虑你的职业目标和所处阶段。于是,当你看到同学开的豪车,他们身上的名牌服饰,他们名片上那些眩人的头衔时,你会默默衡量与他们的差距,同时质疑自己的选择。于是,这次聚会将会引发你关于自己人生价值和职业定位的担忧与焦虑,影响你朝着原来的目标行进。更有甚者,会彻底让你陷入质疑与迷失。

因此，你一旦在与别人的对比中感到痛苦、不满，就必须提醒自己，该停止了。理智地面对个体之间的差异，努力做好自己就可以了，不要盲目给自己太大压力。

习惯**拖延**的人只能原地踏步

假如你曾经因为怕困难而把艰巨任务拖到最后办理；假如你总是迟迟不能完成任务，或拖泥带水、点灯熬油开夜车；假如你遇到棘手或吃力不讨好的事情便频频生病，或遭遇轻微意外；假如你以泼冷水或者挑刺的手法来拒绝接受某项任务；假如你怀疑健康有问题，却不肯去检查身体；假如你不能全心全意投入学习或工作，而以学习、工作乏味掩饰；假如你新的想法很多，却从不付诸实行……那么显然，你是一个有拖延倾向的人。

和桌子杂乱无章一样，你可能觉得，这也是一种个人生活方式，不过是晚一天支付账单、晚两天购买礼物、过一阵子再着手行动而已，有什么不大了的呢？那么，让他来告诉你吧。

穆来纳森是一个印度裔的美国人，7岁移民到了美国。哈佛毕业后去了麻省理工教经济学。29岁的时候，因为在行为经济学领域的卓越贡献，他获得了"麦克阿瑟天才奖"的50万美元奖金，再然后，他成为哈佛的终身教授。

在我们看来，刚刚30岁似乎就拥有了一切的穆来纳森，应该对自己处理事务的能力很满意吧？事实却不是这样。这位天才有一个很大的烦恼：总是不得不拖延计划。不是他太懒惰，而是他有太多的研究计划和点子，却因为时间有限、分身乏术，多线程去执行任务的效果不理想，以至于总是在最后期限前完不成原定的目标，于是只得让计划一再拖延。

但穆来纳森毕竟不是一个习惯拖延的失败者，针对自己存在的这个问题他进行了思考和研究，然后和普林斯顿大学的心理学家沙非一起写出了《稀缺：为什么拥有太少后果这么严重？》。书都还没出版，就跻身英国《金融时报》2013年必看的十大经济类书籍行列。那么，在这位天才看来，拖延的后果有多严重呢？

穆来纳森发现，习惯拖延的人和穷人一样，陷入了某种糟糕的状态，面临着同样的焦虑。喜欢拖延的人总是觉得时间不够用，所以自己不得不一再拖延。事实上，假如给他们更多时间，依然是同样的结果。原因是，他们存在非常严重的时间管理问题，根本不能很好地利用自己的时间资源。而且，由于时间资源对他们看似是稀缺的，那么在追逐稀缺资源的过程中，他们的注意力都放在了追逐本身上，以至于判断力甚至智力都出现了下降。而这一局面，会导致更糟糕的局面出现，他们会进一步陷入失败。

还有更坏的消息呢，对于一个习惯拖延的人来说，他经常要面临在最后期限之前忙忙碌碌赶工作的状态。这些时间紧急的任务占据了他们全部的注意力，让他们根本没有时间和精力去考虑自己的长远目标和未来发展。于是，他们就陷入了"忙碌、混乱、短视"的泥淖。现在我说这样的人只能原地踏步，你是不是会同意呢？

想想看，喜欢拖延的你，除了拿"没有时间"做借口之外，是不是还喜欢用"没关系，不要紧，这些都不重要"来安慰自己。假如真的这样，那么一个认为凡事都不重要的人，有可能拥有强劲的发展动力吗？

幸运的是，拖延并不是我们与生俱来的性格，它是可以改变的。一般来说，喜欢拖延的人都可以从成长过程寻找原因。比如，假如父母经常让孩子去做他们不喜欢的事情，孩子就会采用拖延这种方式消极抵抗。时间长了，拖延就可以内化成为他们潜意识的生活习惯。但不管拖延伴随了你多久，都一定要明确它不是天生的，所以你可以丢弃它。

只是，在打败拖延之前你首先要认识它，或者说，认识你自己。心理学家把喜欢拖延的人分为三类。第一类是激进型，这类人由于对自己的能力过于自信所以总把事情拖到最后1分钟去做；第二类是逃避型，这类人要么缺乏自信要么恐惧失败，总之他们十分在意别人的看法，以至于他们宁愿别人认为自己是不够努力才没有完成任务而非缺乏能力；第三类是犹豫型，这类人非常害怕做决定，以至于浪费了太多时间在犹豫不决上，于是表现为一拖再拖。

假如你习惯拖延，那么，属于上面哪种类型呢？心理学家说，"对行事拖拉的人进行劝诫就如同让抑郁症患者高兴起来那么困难"。所以假如你自己不肯赶走拖延，不管我讲述再多道理都没用。因此，假如你真是一个喜欢拖延的人，首先要做的也是最重要的就是，真的发自内心地认识到拖延对你的危害，并且下定决心彻底摆脱它。然后你才可以制定具体策略，比如设定最后期限、寻求朋友帮助等。

你不是艺术家，无需追求完美

每次看到《蒙娜丽莎的微笑》《向日葵》这些不朽的艺术作品时，我们都想用"完美"来描述它们。那种无与伦比的美好，让我们无限向往，让艺术家不顾一切去追求。然而，所有伟大的艺术家都在不断追求完美，可艺术是永远不可能完美的。这与艺术家的技艺无关，只是一个残酷的现实罢了，可能也正因为这样在艺术家身上会出现很多悲剧。

典型的，就比如凡高，他毫无疑问是个追求完美的人，不仅仅对艺术，对朋友也同样如此。因此，当他的朋友高更说自己喜欢红色而不是凡高本人喜欢的黄色时，他居然把朋友赶出房子，因为这不是他心中完美的友谊。他在追求艺术完美中燃烧自己的生命，这是所有能够看到他的画作的我们的幸运，却是画家本人的不幸。

很多人会认为，完美是一种人生态度，是一种崇高的理想和追求。可是，我问过很多哈佛大学的学生："你们认为自己完美吗？"答案出乎意料，几乎所有人都不认为自己完美，而且并不为此感到遗憾。

为什么呢？他们的理由大致可以归纳如下。

完美是一种极性状态，它本身和纯粹的黑白一样并非可以真正达到；为什么要追求完美呢，我只要做最好的自己不就可以了吗；我会关注细节不出纰漏，但不会过分关注完美以至于让自己陷入琐碎的具体事务，并且耽误了其他更多有价值有意义的事情……

基本上，他们的观点概括出了我们无须追求完美的主要原因。也许你会认为"好—更好—最好—完美"是一个不断递进的过程，我们也应该按照这一顺序严格要求自己。但事实上,伏尔泰告诉我们："'完美'是'美好'的敌人"。而丘吉尔则说："完美主义让人瘫痪"。事情与我们想象的正好相反，追求完美，恰恰是一个坏习惯，是阻碍我们幸福的障碍。

在哈佛公开课中，讲述"幸福课"的、极受欢迎的泰勒博士发现，绝大多数人追求的生活不仅是要幸福的，而且是要完美的——而这正是大多数人不幸福的原因。心理学上把完美主义分为"积极完美主义"和"消极完美主义"，而泰勒博士把"消极完美主义"直接称为"完美主义"，而将"积极完美主义"称为"最优主义"。我们需要做的是遵循"最优主义"，而不是"完美主义"。它们有什么区别呢？我们来看两个故事。

牛津大学的明星学生阿拉斯戴尔·克莱尔以优异的成绩毕业后，留任牛津并且成了著名学者，他出版了自己的诗集、小说、唱片，赢得了无数奖项和奖金。他还亲自编剧、导演、制片、发行了电视剧《龙的心》。这一作品赢得了艾美奖，但克莱尔没有前往颁奖现场。因为片子完成没多久，48岁的克莱尔就卧轨自杀了。关于他的死因，妻子说，是因为他这一生从来都不认为自己做得足够好，他从来都看不到自己的成就，他始终认为自己做的不完美，一直都在否定自己，终于彻底否定了自己的生命。

而另一个故事是关于我们熟悉的林肯总统的。他在51岁成功当选美国总统之前，人生失败得一塌糊涂，不断失业、经商失败、因压力太大精神崩溃过、竞选议员名落孙山、不断参选不断失败。假如他在50岁时离开世界，一定可以作为失败人生的典型。但他没有，而是在失败的痛苦中不断成长，终于成了美国历史上最有影响力的总统之一。

对比这两个人我们可以发现，假如我们想拥有一个完美的人生，必然会遭遇失望，因为这是不可能完成的任务。而且极端的完美主义者迟早会厌世，因为在他们看来所有的成就都不值一提，他们不会喜欢自己、无法享受有所成就时的喜悦。因此，尽管在外人看来他们已经做得非常棒了，他们自己却并不幸福。

而那些像林肯一样的"最优主义"者，则会把人生看做一条曲线，他们有很强的适应能力、宽容度，接受不完美的现实和不完美的自己，所以会把经历的挫折与失败看作自我成长的动力。因此，他们会享受不完美的人生过程中的一切美好，他们会拥有幸福。

你呢？你想做完美主义者还是最优主义者？假如你希望拥有快乐幸福的一生，从现在开始，就试着摒弃"要么全有，要么全无"（all or nothing）的极端思维吧，在不那么完美的中间地带，自如地享受过程中的每一刻美好。

不愿分享，就无法得到

首先你要承认，任何事都是需要分享的，不管是快乐还是痛苦。假如对此有异议，我们可以先一起看一个故事。

我们知道，犹太教规定安息日是必须休息的，什么事都不可以做。但一个酷爱打高尔夫球的人在这一天却手痒痒，一心想要去打球。他忍了又忍，还是忍不住偷偷跑去了球场。由于其他人都在遵守规定，所以球场上空无一人，因此他也不必担心有人发现他违规。

可是，天使发现了他的行为，并且报告给上帝。上帝说，会好好惩罚这个人的。然而天使看到，这个人却打出了超完美的成绩，他一共打了十八洞，全都是一杆进洞，这个成绩已经超越了世界上任何一位最优秀的高尔夫球选手。这个人高兴得快要发疯了。

天使很生气地质问上帝："这就是对他的惩罚吗？"上帝笑着说："是啊，你想想看，他打出了这样惊人的好成绩，他如此兴奋和狂喜，却不能跟任何人分享，只能苦苦压抑。这不是最大的惩罚吗？"

我相信大家都能想明白这个道理，没有人可以分享人生的苦乐，在某种意义上真的是一种惩罚。可是，我同样相信，我们总是有愿意与人分享的时刻，比如自己看到的某部电影、读到的某本书、听到的某首曲子；但一定也有不愿意与人分享的时刻，比如自己总结出来的某个好方法好点子、一些可以找到丰富资源的好网站、自己心爱的玩具或文具等等。

为什么？为什么有时候你愿意分享，有时候却不愿意呢？原因很简单，这是你权衡利弊之后的结果，虽然有时候你根本没意识到。当你愿意跟人分享时，是认为这一行为不会给对方增强竞争力，不会给自己带来麻烦或威胁。当你不愿意跟人分享时，是因为害怕自己好不容易得到的东西让别人学走了、享受了，你不希望失去自己在某些方面的优势或竞争力。

所以，我看到有不少学生会把自己领悟到的东西视若珍宝，不肯与别人交流，也不愿意与别人分享。他们认为，我得到这些东西付出了一定代价，然后把属于自己的东西拿出来与人分享，这不是吃亏了吗？凭什么别人不劳而获？

辛迪就是这样一个人。然而终于有一天，当他无意中发现自己好不容易获取的这些东西，别人其实也明白，而且早就知道，他才意识到了自己的狭隘与荒谬。然后，他开始试着坦诚地与身边的人交流自己的心得、经验，这种开放的姿态与友好的态度，也让别人愿意与他分享。就这样，他发现自己开始迅速进步，速度远远超过他自己一个人闷头思考。

事实上，我们花了代价得到的这些东西，在自己看来是非常好的，可是未必是最优的、最有价值的，而且肯定不是只有你一个人拥有。可是假如你不与人交流、不与人分享，就很难发现这一事实。于是，不明真相、眼界太窄的你，会守着自己的"宝贝"不肯改进，这直接影响了你的进步，阻碍你去得到更多更有价值的东西。

所以，不管是某些实实在在的物质，还是虚无缥缈的观念、点子、策略，都不妨拿出来跟人一起分享，让更多人实践体验，让更多人批评指正。表面上看起来是你拿出自己的宝贝与人分享，实际上却是你在借助更多人的力量来推动自己成长。而且与此同时对方也有收获，所以他们会更有动力来帮你成长更快、得到更多。现在，你还认为自己的分享是一种失去吗？

当然，由于人类身上存在根深蒂固的自私，我们并非生来就懂得分享的。所以从每个人出生的那天，就已经开始你自私的生活，难道不是吗？当你从一个婴儿手中把他的玩具拿给别的小孩子玩时，你看不到童真的微笑，听到的只是大哭打闹，不是吗？然而人类毕竟与动物不同，在天性之外我们还会受到社会文化的影响，会跳过眼前利益做出更长远的考虑与打算。于是，我们慢慢学会了分享。

那些伟大的、成功的人，他们与普通人不同的一点就在于可以很好地克服自己内心深处的自私，至少，他们能够表现得比别人少一点自私自利。这样的表现，可以让人更感动，并且更容易与人建立亲密的关系，也更容易获得帮助和合作。

所以，倘若你想要得到更多，就先从把自己拥有的东西分出去让别人享受开始吧。你今天伸出去的橄榄枝，明天可能会长成一棵枝繁叶茂的大树，为你在前进的路上遮风挡雨；还有可能化成一根救命稻草，在你最需要帮助时出现。最不济，那根枯掉的橄榄枝，也可以作为薪柴，为这个世间、为你提供一点光明和温暖。

放松之时，能量即流失

和懒惰一样，放松也会让你很舒服。在放松的状态下，你可以像一只慵懒的猫咪一样松弛。全身软绵绵地、随意坐着或者躺着，无比地放松，也无比地自在。

可是，在危险来临时，这种姿态有助于你保护自己吗？或者，处于这种姿态的你，能够攀越更高的山峰、到达更远的远方吗？

每当我们过于放松的时候，也就是粗心大意之时，往往非常容易出现错误。为什么呢？我们可以想想人类的进化机制。

大家如果看过关于动物生存状况的纪录片，会知道那些被敌人猎食到的，往往都是处于放松状态、比较大意的动物。而那些保持警惕、打起十二分精神应对的动物就相对安全。人类也一样，当我们精神放松的时候，神经会松弛下来，不再那么高度紧张，那么对外界的刺激就不会太敏感，也就不容易发现一些关于危险、变化的细微征兆。甚至，在危险来临的时候，我们由于神经过于放松而不能快速启动身体的反应机制，从而错过最佳的逃生、纠正错误或者把握机会的时机。

刚进入哈佛大学的学生，都会听到这样的告诫："如果你想在进入社会后，在任何时候任何场合下都能得心应手并且得到应有的评价，那么你在哈佛的学习期间，就没有晒太阳的时间。"而在哈佛，广为流传的一句格言是"忙完秋收忙秋种，学习，学习，再学习。"你能想象到这些众人眼中的天才、聪明人每天都是这样生活的吗？

在哈佛商学院，你在课堂上会熟悉案例教学法，这是一种不断向学生施加压力的学习机制。这种教学方法不需要你记住哪些知识，而是逼着你开动脑筋、苦苦思考，因为每一个案例结束之后都会有一个问题等着你，"你认为该怎么解决"。所以，每一个案例，都必须在课下自己预习。每一个案例都是真实发生的问题，该怎么解决没有固定答案，不经过认真缜密的思考你也不大可能得出能拿得出手的方案。每一次上课时，你都要带着自己努力思考之后的方案去上课。

这还远远没有结束。你想出了自己的方案还只是开始。每一节课，老师都会指定一名学生来说明案例并且讲述自己的分析和解决方法。假如你是被指定的学生，每当你发言完毕，全班同学都会毫不客气地准备攻击你的方案。这个时候你怎么可能放松？不是他们不友善，只是，学生的期末成绩一半取决于考试成绩，另一半取决于课堂发言，所以学生必须在课堂上保持高度的紧张与专注，以便随时能有机会给老师和同学留下印象深刻的发言。

所以，假如你是被指定发言的学生，必须要做好面对所有同学攻击的准备，为此你要考虑到所有可能出现的情况并且想出应对的话语。而假如你不是被指定者，就必须努力争得发言的机会，这样才有可能获得较好的课堂成绩。

在这种案例教学法中，你什么时候才能放松呢？不可能。而且，在哈佛商学院里，你需要在 2 年的时间中分析大约 800 多个案例。你认为自己有可能过上小猫咪般悠闲放松的日子吗？哈佛不会给你放松的可能，因为在你放松的时候并没有因为休息获得更多能量，相反，那是一个能量流失的过程。不紧张不思考不进取，这种松懈的状态会让心灵和身体都陷入疲懒之中，对你的成长和进步不会有帮助。

哈佛的生活节奏必然是紧张的，否则怎么能培养出众人认可的优秀人才？在哈佛，你不要奢望有什么事可以轻松容易地完成，你必须全力以赴才能考试及格并且获得毕业证。而这种生活状态，对他们的性格和未来的人生道路都会产生深刻的影响。

或许你会觉得这种状态过于残酷，可是你也知道，是紧张，而不是放松，才能让你不断挑战自己的智力和忍耐力，并且帮助你去延伸自己的能力极限。只有这样，才能让你不断汲取更多能量，让你不断超越自我，达到自己所能到达的最高限度，不是吗？

也许你会说，我们需要工作也需要休息，所以课余时间或者工作之余我要娱乐。没错，可是年轻的你现在不是祖父祖母那样可以尽情享受退休时光的年龄，我们需要记得的是爱因斯坦的话："人的差异在于业余时间。"这也正是为什么很多哈佛的老师说，只要看一个年轻人怎样度过自己的业余时间，就可以预言这个人的未来怎样。

你想拥有怎样的未来呢？假如你有远大的志向和美丽的梦想，怎么可能会有时间打盹呢？在别人都放松的时候你也放松，又怎样能够超出众人呢？况且，很多时候只要你稍微一放松，就会给错误可乘之机。所以，年轻的你，还不是像小猫一样慵懒放松的年龄，请不要让自己过得太舒服太放松了，因为这时候的你，更需要能量，更需要成长。

第八章

感恩与爱的力量

如果这个世界上有天堂，那么我相信，那个地方一定充满了爱和感恩。还有比它们更美好的事物吗？在我们每个人成长的过程中，都会幸运地得到许多人的关怀与爱护，让你觉得自己就是在幸福与快乐的天堂中成长的。但是，在面对这样的关怀与爱护时，你心怀感恩了吗？只有让感恩之心永远相随，我们才可以一直生活在充满爱与幸福的人间天堂。

第八章 感恩与爱的力量

无论如何,请**接纳**自己

你接纳自己吗?

这个问题看起来很奇怪,也似乎难以回答,那让我们换个方式提问吧:你喜欢照镜子吗?照镜子的时候,你是对自己笑,还是皱着眉头看着自己的脸?

假如对镜子里的自己总是不满意,甚至拒绝照镜子,那么这样的人多半对自己过于苛责,他们对自己的接纳度并不高。因为,人对自我的接纳,是从接受自己的面容和身体特征开始的。我们对外表的不接纳,直接影响了自我认同感。

也许你会说,这有什么不妥吗?我本来就长得不漂亮,要是我能长得像杂志封面上的电影明星一样,我也会接纳自己的。真的吗?事情真的是这样吗?"我的腿太短,臂太粗,人太肥,我不喜欢自己的声音,不喜欢自己的动作……"再三向别人说这句话的人,名叫伊丽莎白·泰勒,一个别人眼中长得近乎完美的女人。

这个社会教给我们的一条认知是,假如我们长得漂亮,像白雪公主或者英俊的王子一样,就会更容易接纳自己,也更受欢迎。但是事实不是这样的。假如你认为美貌可以给你带来愉悦和更高的自我认同感,那么你一定会失望的。因为这是一个太过脆弱、太不可靠并且不正确的自我接纳依据。

同样,如果你认为自己更有钱、社会地位更高,自己就会更喜欢自己、更接纳自己,你还是会失望的。美貌、财富、地位、学位这些东西的确重要,但还没有重要到可以赶走你内心深处的自卑,没有重要到一旦拥有就可以让你接纳自我。

因为,持有这种想法的人,本身的自我接纳观就是错误的,它建立在与别人的比较之上，建立在别人的看法之上，而不是对自己客观评价的基础上。所以，是否接纳自己，由不得他们，而是取决于别人，这也就决定了他们不可能做到真正地接纳自我。

真正地接纳，建立在对自身实际情况的正确认知上。不管你对自己是否满意，你就是你，独一无二、无人可以取代的你。请接纳自己，既然别人可以，你当然也可以。

他像是上帝开的一个玩笑。出生的时候，他把爸爸吓得跑到产房外呕吐，母亲也难以接受自己的孩子是这个样子，以至于在他出生4个月后才敢抱他。这是一个没有双腿和双臂的孩子，只有圆柱状的躯干，以及在左侧臀部下面有一个带着两个脚趾头的小"脚"。这个小"脚"曾经被他家里养的宠物狗误认为是鸡腿想要吃掉。

他自然是不幸的，但他又是幸运的，因为父母爱他，慢慢接纳了他。他被取名尼克·胡哲，爸爸妈妈虽然不明白他为什么会遭受如此残酷的命运，但希望他能像正常人一样生活。于是，他们教他游泳、教他打字，还努力把他送进了普通小学读书。可是，父母不可能始终陪在他身边，意料之中地，他在学校遭受了嘲笑与欺凌。

"8岁时，我非常消沉，"长大以后的尼克回忆，"我冲妈妈大喊，告诉她我想死。"他也真的这么做了。10岁那年的某一天，他试图把自己溺死在浴缸里，但是没能成功。在生命中这段灰暗的时期，是父母一直鼓励他战胜困难，给他力量和勇气。但尼克始终想不明白自己存在的意义，因此始终不能真正乐观起来。直到13岁那年，有一次他看到一篇关于一位残障人士如何给自己设定目标并且完成的文章，他受到了启示，决定把帮助别人作为人生目标，"上帝在我生命中有个计划，通过我的故事给予他人希望。"

在这一目标的驱动下，尼克艰难地学会了很多我们大多数人轻易就可以掌握的技能，比如写字、踢球、游泳甚至滑板和足球、高尔夫球，他还获得了金融理财和地产学士学位。

17岁那年，尼克开始给人们做演讲，向人们讲述自己不屈从命运的人生，给世界各地的人们带来希望。2005年，23岁的他被授予"澳大利亚年度青年"称号。2012年，30岁的时候，他与一位日本女子结婚，并且很快有了自己的孩子。

尼克告诉我们："人生最可悲的并非失去四肢，而是没有生存希望及目标！人们经常抱怨什么也做不来，但如果我们只想着没有或欠缺的东西，而不去珍惜所拥有的，那根本解决不了问题！真正改变命运的，并不是我们的机遇，而是我们的态度。"不管我们拥有的是多还是少，最重要的是我们还拥有宝贵的生命，我们还拥有未来的机会与可能。不是吗？

假如你不是一个能够全面接纳自我的人，那么我们一起来看看心理学家的建议吧。

首先，要对自己表达"爱"，告诉自己你很喜欢自己，你要让自己更快乐。

然后，你要写下自己的优点，不要做缺点收藏家，也写下别人对你的赞扬。

选择合适的朋友圈，多跟欣赏你的人来往，拒绝那些喜欢抱怨的人。

对自己更宽容一点。即便犯了错误，也不要否定自己，而是从中获得成长。

多帮助别人，这样会收到来自别人的正面反馈，也让你觉得自己更有价值。

允许自己自私、任性一点。别对自己太苛刻了，你值得被爱，有权利对自己更好。

感谢，并且好好爱自己

从小我们就被教会了"Excuse me"和"Ehanks"不离口，可是总是在请求别人原谅和感谢别人的同时，你有没有想过要感谢自己？

你或许会问，为什么要感谢自己？举世知名的心理治疗师和家庭治疗师维琴尼亚·萨提亚有一篇名为《我是我自己》的文章，可以给你答案，我建议每个人都应该读读。

"在这个世界上，没有一个人完全像我。从我身上出来的每一点、每一滴，都那么真实地代表我自己，因为是我自己选择的。

"我拥有我的一切——我的身体、我的感受、我的嘴巴、我的声音，我所有的行动，不论是对别人还是对自己。我拥有我的幻想、梦想、希望和害怕。我拥有我所有的胜利与成功、所有的失败与错误。

"因为我拥有全部的我，因此我能和自己更熟悉、更亲密。由于我能如此，所以我能爱我自己，并友善地对待自己的每一部分。

"我知道那些困惑我的部分，和一些我不了解的部分。但是，我如果友善地爱我自己，我就可以鼓励我自己，并且充满希望地寻求途径来解决这些困惑，并发现更多的自己。然而，任何时刻，我能看、听、感受、思考、说和做。我有方法使自己活得有意义、亲近别人、使自己丰富和有创意，并且明白这世上其他的人类和我身外的事务。我拥有我自己，因此我能驾驭我自己。

"我是我自己，而且我是最好的。"

你是你自己，而且你是最好的，所以你要感谢自己，如果不是你坚定的毅力、勇往直前的进取心、执着追求和永不停息的努力，你不会拥有那些快乐和成就。感谢你自己的努力、认真、敬业、真诚，让你能够度过那些伤心难过的日子。感谢你自己，让你学会了如何做一个别人认可的人，自己接纳的人。

你要感谢自己，更要爱自己。《圣经》教导我们："要像爱自己一样爱你的邻人。"可是，我从小就对这句话有疑虑。因为这句话的前提是我们天生懂得如何爱自己，然后依照这种方式就可以正确地爱邻人。只是，我们真的懂得怎样爱自己吗？至少在我看来，有太多人根本没有好好爱自己。他们只懂得自私，并不懂得什么是爱自己，甚至根本就不爱自己。

我们熟知的很多艺术家，都不爱自己，甚至憎恶自己。所以凡高才会割掉了自己的耳朵，所以杰出的随笔作家约翰·查普曼在与别人争吵之后才会把手伸进火中，以至于手被严重烧伤，最后不得不截肢。日常生活中这样极端的例子虽然不多见，但不爱自己的人却屡见不鲜。

爱与恨，表面上看起来似乎是针对他人的，但很多时候也是针对自己的。我们都知道，残忍无情地对待他人是极其不道德的行为，那这样对待自己呢？同样是不道德的。

我的一位朋友是一位颇有名气的社会工作者，有一天他收到一位名媛的信件，这位贵妇人在信中表示，她虽然衣食无忧过着众人艳羡的生活，但自己身上有很多缺点，她讨厌自己毫无意义的生活。在信件的最后她提出了请求，希望能够投身慈善事业与社会工作中，在帮助别人的过程中让自己找到存在感与价值感。

而我这位朋友是这样回复她的："很抱歉夫人，我恐怕不能答应您的请求。根据您在信上描述的情形，我认为您身上的缺点也很可爱，它们是不同寻常的。您可以自由地去看望和慰问这些孩子们，不过考虑到您自身的情绪也许会给孩子们带来不利的影响，我建议您首先要学会更爱您自己，免得您的关心产生适得其反的效果。"就这样，婉言回绝了她。

我想现在你应该能理解我的朋友的做法，一个不懂得爱自己的人，怎么能很好地关爱别人呢？爱自己不是极端自私的行为，我们并不喜欢忘记自我然后无私奉献。相反，我们因为无比热爱自己，我们心中充满了爱与幸福感，然后把这种仿佛要溢出的爱与幸福分给他人，这样的爱才是健康而长久的。因为我自己快乐，我爱自己，所以我也爱你，也愿意你快乐。这种爱才能像源源不绝的清泉，不会干涸，始终清澈。

那么，我们怎样做才算是好好地爱自己呢？我会给出如下标准。

喜欢照镜子、爱自己的缺点、赞美自己、帮助自己、照顾好自己的身体、善待自己的心灵、对自己更耐心地呵护、让自责一开始就停止、避免让自己感到恐惧。

这些标准看起来很简单，做起来当然不容易。但如果你能真的做到，那么一定能感觉到爱的能量在自己身上温暖地流动。

"自爱"不等于"自恋"

提到自恋（narcissism）这个词，假如你读过希腊神话，一定会忍不住想起水仙花（narcissus），以及那个关于俊美少年纳西索斯（Narcissus）的故事。

纳西索斯是希腊最俊美的男子，他的美貌让所有女孩子都心动，可他是那么的孤傲，没有一个女孩能打动他的心。美丽的山中仙女伊可（Echo）也爱上了纳西索斯，可是同样遭到了拒绝。美丽的仙女十分伤心，迅速消瘦下去，最后直到身体完全消失，只剩下忧郁的声音在山谷中回荡。众神愤怒了，于是决定"让这个无法爱上别人的纳西索斯爱上自己"。

后来有一天，纳西索斯去野外狩猎，当他来到湖边弯下腰喝水时，看见湖面上映着自己俊美的倒影，立刻狂热地爱上了自己。从此以后，他每天都到湖边来。起初是自我陶醉，渐渐地变成顾影自怜，后来终于憔悴而死。那些爱慕他的女孩子听闻他的死讯后，到处寻找他的灵魂。在纳西索斯常去的湖边，少女们发现一朵孤独且娇艳的花。大家心想："这就是纳西索斯灵魂吧！"为了纪念纳西索斯，少女们用他的名字来为这朵花命名，也就是水仙花了。所以直到今天，水仙花的花语还是"只爱自己的人"。

虽然我们很多人并不懂得什么是真正的爱自己，但与此同时，我们大多数人又或多或少有一点自恋倾向。这不难理解，因为每个人内心深处都有缺乏自信、自卑的情结。你没看错，是的，因为自卑，所以我们自恋。而因为自信，所以我们自爱。

哈佛大学教育研究所的哈沃德·戈登教授把人类的智慧分成七项，其中一项是"内省智慧"，也就是了解自己，明白自己的内心世界，同时用心感受身边的一切，并且懂得与外界分享自己的感受。我们可以通过爱自己来培养自尊心，同时也要通过爱别人来学会尊重。

而自恋，显然是一种缺乏内省智慧的表现，这样的人只爱自己，而且是一种缺乏自尊心的畸形的爱。假如一个美女对自己的容貌非常自信，与此同时却对那些对她的美貌视若无睹的人心生怨恨，那么她的这种感受就是自恋。因为，爱自己不大会受到外界影响、不需要别人的肯定，自恋却不同，所以它是脆弱的、自私的、不可靠的。

真正的爱自己是这样一种态度：无论我的长相是否漂亮、无论我的举止是否优雅、无论我的思想是否深刻、无论我的身体是否健康、无论我的出身贫贱富贵、无论我的工作是否高贵、无论我的成绩是否出色、无论我拥有的东西多少、无论我这一生是否平凡……我都值得爱。

而且，假如你真正爱自己，有人拒绝你、歧视你、不爱你、批评你、背后中伤你，你都不会否认"我是值得爱的"这一观念。这时候你只会认为，是这些人不愿意身处爱的状态，是他们对自身的爱还不够，以至于不能对这个世界更宽容更友善。

真正爱自己的你，不会为了别人心中的好形象而否定自己、厌弃自己。你会接受自己拥有的一切，对自己有足够的重视，你会关注心灵深处的声音，你会与自己的内心建立友好关系，你会忠诚于自我并且一直保持下去。

可是，假如你在有了成就后认为自己是最优秀的，认为独一无二的自己只有少数极为聪明的人才能理解，只喜欢听到称赞根本听不进去负面的话语，毫无缘由地认为自己应该受到特殊对待，丝毫不顾及别人的感受，认为任何人都应该围着自己转，无法与别人建立真正意义上平等的互动关系，常常嫉妒别人或者认为别人嫉妒自己，时不时表现出高傲的姿态……你就不是真正地爱自己，而是"自恋"。

我们已经知道了，自爱绝不等于自恋，自恋与自爱恰恰相反。因为自恋者往往有很低的自尊感，他们认为自己没有价值，不值得爱，所以才会不惜一切代价希望得到别人的赞美和肯定。而且由于他们并不真正爱自己，所以无法获得内心的宁静，只能在自恋的推动下漫无目的地游走。也正因为这样，自恋者很容易患上抑郁症，因为他们在社交中往往陷入"渴望得到赞美——失望——更加渴望——更大的失望"这种恶性循环中，最终，他们会在不安中更加沮丧。

人本主义哲学家和精神分析心理学家埃里希·弗洛姆告诉我们："人道主义伦理学的最高价值不是舍己，不是自私，而是自爱；不是否定个体，而是肯定真正的人自身。"

假如你爱自己，就会承认自己很重要、认为自己值得爱，然后在此基础上经历自己、体验自己，不断充实自己、超越自己。假如你爱自己，绝不会在自恋中伤害自己。所以，我乐于看到每个人都爱自己，却不愿看到任何一个人自恋。

抱怨最消耗你的能量

假如你真的爱自己，就应该懂得，自爱与抱怨是互斥的。也许有时候，抱怨是一种引起别人注意的方法，它也的确会奏效，但这种注意一开始就是带着负面阴影的，它无益于你获得更多爱和帮助。

也许你真的遇到了某些不公平对待，看似真的需要抱怨。可是，抱怨有什么用呢？要发生的已经发生了，抱怨能够改变什么？也许，它的确能改变，只是让局面更糟，让别人都躲着你，让你拥有更强的挫败感，陷入更深的绝望。

在一家汽车修理厂，有一名工人叫丹尼尔，他倒是很聪明机灵，但从开始工作的第一天就没有停止过抱怨："修理这活太脏了，瞧瞧我身上弄的""真累呀，我简直讨厌死这份工作了。"由于他每天都在说这些话，所以其他修理工都不喜欢他。他还会跟客户抱怨自己的工作多么辛苦多么肮脏，为此经常会受到师傅批评。日子久了，有人会说："丹尼尔，既然你这么不喜欢，为什么不换一份工作呢？"每当这时候他就会哑口无言，因为他已经换过很多份工作了，从超市理货员到园艺工人，没有一份工作能让他满意。

可是，无言以对之后，丹尼尔抱怨依旧。日子一天天过去了，他没少比别人干活，但技艺却没有得到多大长进。跟他一起进厂的很多工人都拿到了更高的薪水或者被公司送进大学进修，只有丹尼尔依然每天在抱怨中度日。现在，他的抱怨又多了一些内容："我每天这么辛辛苦苦工作，凭什么拿的薪水比他们少啊""这个世界就这样，哪里都不公平"……

你一定会知道为什么丹尼尔不被人喜欢，也不能得到升职了。这个世界上的每个角落，都有才华横溢的人失业或者不被重用。假如这些人因此充满了抱怨、不满和谴责，那么只会让局面更加恶化。因为抱怨相当于往自己的鞋子里灌污水、放沙子，它会迅速消耗掉大量能量，会让你行走起来更加沉重艰难，也会让你这一路更加劳累。

也许你会认为，抱怨之后自己就会卸下某些负担，心灵会更轻松。但事情往往不是这样，尤其是当抱怨已经成为习惯之后。大多数习惯抱怨的人，在抱怨过后，常常会让心情更加灰暗、更加抑郁、更加沉重。也就是说，抱怨不是解卸包袱，而是在往自己脖颈上套更加沉重的枷锁。

为什么会这样呢？因为越是抱怨，你会发现原来真的有那么多可以抱怨的事情，原来自己真的那么可怜那么值得同情，原来这个世界真的对自己这么不公平。于是，原本可能只是小小地发牢骚，会演变成更大的沮丧与失落。而这种情绪，毫无疑问会吞噬正面能量。面对一个带着笑容的人与一个满心沮丧满口抱怨的人，你会选择与哪个人来往呢？所以，喜欢抱怨的人会发现，自己的朋友越来越少。

而且，你花在抱怨上的时间越多，花在改进上的时间就越少。如果你习惯于把所有问题的原因都归咎于别人和这个世界，而不是反省自己，那么很难说你会有什么长进。为什么我们自己胃口不好，却去抱怨食物味道太差呢？

我并不反对你向别人倾诉自己的不快和不利处境，假如对方能够帮你。但倘若对方除了忍受抱怨之外不能有什么举措，那么请不要向他们发牢骚，那只会给他们带来不愉快的感受。假如对方在意你，会为你担心难过，消耗他们自己的能量；假如对方不在乎你甚至不喜欢你，那你的抱怨只是给别人增加一些笑柄罢了。所以，抱怨不仅不是必须的，更是无益的。

周末的一天，有一位父亲在家带孩子，可是他还在为工作上的很多事情烦恼，为上司的不公平和同事的不友善而心存不满。这时，孩子缠着他要他陪自己玩。他不耐烦地把身边一本杂志上的世界地图撕碎了，让儿子自己玩拼图。

他以为这样一来，儿子要忙上大半天，也就不会打扰自己了。可是才过了10分钟，儿子就敲门进来了，他已经把世界地图拼好了。父亲十分惊讶，儿子才这么小，怎么可能这么快就把世界地图拼好？儿子得意地宣布答案："这张图的背面是一张人像，我先按人像来拼碎片；然后翻过来就是地图了。只要'人'好了，'世界'也就好了。"

父亲瞬间豁然开朗，是啊，只要人好了，世界也就好了。不是这个世界怎样，关键在于人本身。有什么可抱怨的呢？

正如卡耐基所说："如果一个人能够把他所有忧虑的时间都用在以一种很超然、很客观的态度去寻找事实的话，那么他的忧虑就会在知识的光芒下，消失得无影无踪。"

英国政治学家和教育家格雷厄姆·沃拉斯有一段发人深省的话，我想把它送给你："绵羊每咩咩地叫1次，它就会失掉一口干草。你抱怨越多，消极的思想出现的次数越多，你就越难摆脱破坏你健康心态的敌人；你就越难摆脱破坏你幸福的敌人。因为，你每想象它们1次，它们就更深地潜进你的意识之中。思想宛如一块磁铁，它只吸引与它类似的东西，与你思想相左的东西是不大可能产生的，你的成就首先是在你的思想上取得的。"

用感恩代替抱怨

联合国前秘书长安南说过这样的一句话："不要抱怨黑暗，让我们点起蜡烛。"我在遇到不顺心的事情时经常会想起这句话，而且我会把它改造成这样："不要抱怨黑暗，要感恩它让我们看到美丽的星空。"

既然黑暗是不可避免的，那么在看到它给我们带来的不便时，何不也试着看看它给予了我们哪些美好呢？倘若总能做到这一点，那你一定会是一个在黑暗中散播阳光和快乐的人，拥有黄金般的贵重身价。

当经济危机又一次袭来时，史蒂文森所在的小软件公司很快就倒闭了。可是仅仅在1个月之前，他的上司才给他描述过公司发展的美好前景，并且告诉他因为出色的工作表现，史蒂文森可以一直在这里工作到退休，并且拥有丰厚的退休金。这才刚过去1个月，上司就把一封辞退信递给了他。该抱怨上司言而无信吗？没有用的，所以史蒂文森没有抱怨，只是跟上司道谢，谢谢他给了自己一封推荐信。

可是，上天没有因为史蒂文森这么多年的勤奋工作和良好品质就对他有所眷顾。如果说有，那就是为他送来了第三个儿子，新生命诞生的喜悦同时也伴随着生活压力的增大。史蒂文森更加卖力地每天穿梭在硅谷的各个公司寻找工作，可是因为经济不景气，转眼1个月过去了，没有任何一家公司表示愿意雇用他。该抱怨上天太不公平吗？也没有用的，他只有更加努力地在每一次面试中表现自我。

有一天，他在报纸上看到了一则招聘程序员的启事，待遇优厚。编程是史蒂文森唯一的特长，他知道机会难得，也充满信心，做好了充足准备才敢去应聘。不出所料，现场到处都是跟他一样的失业者，竞争的激烈程度堪称惨烈，但幸好他的工作经验和上司的推荐信帮他争取到了一个参加笔试的机会。

由于专业知识过硬而且经验丰富，史蒂文森轻松通过了笔试。可是在面试中，当考官问到他对软件业未来的发展方向有什么看法时，他不知道该怎么回答，因为自己一直以来只是埋头努力工作，从来没有思考过这个问题。可以想象得到，他没有得到这份工作。

该抱怨考官的问题太刁钻吗？不，他们帮自己发现了问题。于是，斯蒂文森写了一封感谢信给这家公司："贵公司花费人力、物力，为我提供了笔试、面试的机会。虽然落聘，但贵公司对软件业的理解让我大长见识，获益匪浅。感谢你们为之付出的劳动，谢谢！"

应聘失败居然毫无怨言，还写来感谢信？这则新闻很快就在这家公司传遍了，连总裁也听说了这件事。于是这封与众不同的信被呈交到总裁手中。总裁看完信之后没说什么，却把它放在了自己的抽屉里。

3个月之后，快要新年了，依然没有找到工作的史蒂文森接到了一张精美的卡片，上面写着："尊敬的史蒂文森先生，如果您愿意，请和我们共度新年。"这张卡片来自收到他感谢信的那家公司。原来，公司出现了空缺，所有人不约而同想到了他，包括总裁。这家公司就是微软公司。而现在的史蒂文森，已经成了公司副总裁。

生活固然不大可能完全如你所愿，但我们却不可以因此就对自己拥有的幸运和幸福视而不见。只会放大缺憾带来的直接后果就是让我们忽略了自己拥有的美好，从而不懂得珍惜，更不知道感恩。

你是一个什么样的人，就会在你的世界里产生什么样的影响力。假如你习惯抱怨,那么就只会带来负面影响,同时也吸引过来更多负面的能量,吸引更多喜欢抱怨的人,然后你们一起抱怨。但假如你习惯感恩地对待一切,那么同样也会吸引更多乐观、开心的人,从而拥有更美好的世界。

假如你不想让自己的世界阴云密布,就把所有的抱怨转化成感恩吧,不批评、不责备、不抱怨自己所失去的和未曾得到的,而是换一个角度,感恩上天的给予与馈赠。

不要再抱怨你长得不够漂亮,不要抱怨你的智商不高,也不要抱怨自己没有居住在高级社区,不要抱怨你的爸爸不够富有,不要抱怨没有人赏识你的才华……你应该感恩上天给了你目前所拥有的一切,哪怕你拥有的是垃圾也值得感恩,至少它不是荆棘,至少你还可以把它们踩在脚下站得更高,不是吗?

"不要抱怨玫瑰有刺,要为荆棘中有玫瑰而感恩。"你能拥有这样的心态吗?从今天开始就试试看吧。

这个世界真的不公平吗

在哈佛商学院的课堂上,大家正在热烈讨论一个话题:有八成的企业在创立的 2 年之内就宣告破产。经过调查,在这些企业中,有 86% 都是企业内部原因。企业的合伙人被问及"你认为自己的贡献应该在公司中占有多少股份,为什么"时,他们几乎每个人都毫不犹豫地给出了自己心中的数据。然而,把他们每个人认为自己应得的股份加起来后发现,公司股份总数量要是现在的 2 倍,才能满足每个人的要求。

再去分析这些人给出的理由,你会发现他们每个人都有道理,你看不出来他们为什么不应该得到那么多股份。因此，这些企业的合伙人每个人都觉得不公平，自己没有拿到应得的一份，所以导致了合作不能继续，公司宣告破产。

这个现象说明什么了呢？在利益面前，我们每个人都倾向于把自己应得的夸大1倍，而且我们有充足的理由。倘若没有得到这种待遇，我们就会认为不公平。可是照这样的情形看，有可能让每个人觉得公平吗？很遗憾，似乎不可能。

有一次，我在哈佛校园听到了这样的对话。

一个长相毫不出众的男生说："这个世界真是太不公平了，你看那些女生，一个个都喜欢球踢得好的人，喜欢长得帅气的人，个子高、相貌好，而且又看起来成熟稳重的人，这种人能把她们迷得神魂颠倒。可是，如果要交流一些有思想深度的东西的话，我觉得我一定比他们善解人意多了，她们会被我的睿智吸引。可是那些女生会先被那些帅哥的外表吸引，根本不会注意到我的存在。真不公平。"

另一位男生闲闲地丢过来一句："假如你长得高大帅气、球也踢得好，还会抱怨不公平吗？很多人痛恨这个世界的不公平，他们的愤怒不是因为不公平，而是因为觉得自己处在不公平中的不利位置。很多人不是想消灭这种不公平，而是想让自己处在不公平中的有利位置。"

我们不得不承认后一名男生的话是事实。很多时候我们所谓的不公平，只是在给自己的懦弱和不肯努力找借口。我们在意的也许不是公平，而是自己没有得到想要的利益。举个最简单的例子：假如你与另一名同学犯了同样的错误，他没有被罚而你被罚，那么你会认为不公平。可是假如被罚的是他，而你逃过了惩罚，这时候你会主动站出来说"这不公平，我也犯错了，请让我也接受处罚吧"吗？假如不会，就请你不要再抱怨不公平。

很多人认为这个世界不公平，是因为别人出身富贵而自己却出身卑微；是因为别人付出了就得到回报，而自己同样的付出却没有得到同等回报；是因为别人有机会大展身手，而自己却没有机会；因为别人看起来都轻而易举地成功了，而自己遭遇的却是失败，你认为上天在捉弄你……

可是当你抱怨自己没有出生在豪宅时，有没有想过父母是多么疼爱你、为你骄傲。而你却在抱怨他们没有给你足够的资本，这对他们公平吗？当你抱怨别人的付出有收获而自己却没有时，你是否看到了他们付出了多少辛劳？你因为别人拥有的某些资源而否定他们的努力，这对他们又公平吗？你心爱的那个人不喜欢你而喜欢别人，你认为这不公平。可是那些一直默默喜欢你却从未得到过你一句善言的人，你对他们又公平吗？

这个世界上没有所谓的完全公平，有人出生在每天要饿着肚子的非洲贫民窟，有人出生在锦衣玉食的比弗利山庄；有人生来就长得像阿多尼斯，有人长得像卡西莫多。假如你希望这个世界上所有人都拥有同样多的资源，这毫无疑问是一种妄想，而且本身就是一种不公平。因为每个人付出的努力程度都不相同，怎么可能拥有同等收获？

不是每一次努力都会有收获，但是每一次收获都必须努力，这是一个不公平的不可逆转的命题，但它又是那么公平。也许这个世界不那么公平，但它终究是趋向平衡的。在这里你遭遇了不公平，在那里也会遇到幸运。早晚你会发现，人生的得失苦乐是平衡的，上天其实很公平。

假如你坚持认为世界不公平，那么比尔·盖茨那句简单的话很有指导意义："社会是不公平的，我们要试着接受他。"或者，患有卢伽雷氏症，同时也是人人皆知的大科学斯蒂芬·威廉·霍金的话也一样："生活是不公平的，不管你的境遇如何，你只能全力以赴。"

在我们的一生中，面对所谓的不公平，这时候我希望你能记起霍金的那句话："我的手指还能活动，我的大脑还能思维；我有终身追求的理想，我有心爱的人和爱我的亲人朋友；对了，我还有一颗感恩的心……"在一次新闻发布会上，一位女记者提出一个刁钻的问题，但霍金还是以恬静的微笑这样回答。在面对人生的不公平时，面对生活提出的各种刁钻的难题，我希望我们也能面带平静的微笑这样回答。

消除烦恼三步法

一般来说，我们的烦恼通常是因为没有如愿以偿，或者事情不像自己想象的那样。一般来说，让我们烦恼的都不是大事，而是一些琐碎的小事，比如考试成绩不够好、比如妈妈不理解自己、比如自己又长胖了几磅……这些事情虽然不大，但你会发现它们无所不在，经常出现。只要我们的欲望无法得到满足，就会产生烦恼。

烦恼人人都有，无可避免，所以叔本华会说："把人引向艺术和科学最强烈的原因之一，是逃避日常生活中令人厌恶的粗俗和使人绝望的苦闷。"关于这个道理，爱因斯坦和罗素也表达过同样的意思。那么反过来我们是不是可以得出结论：为了逃避烦恼，我们可以在艺术和科学中寻找到答案？这不是在开玩笑，我很认真地在跟你谈论如何消除烦恼。

当然，首先我要澄清一点。烦恼看似没有办法避免，但并不意味着它的存在是理所应当的。哈佛大学的一位心理学家做过一个与烦恼有关的实验，我们可以一起来看。

他找了一批志愿者，在一个周日的晚上，请他们把自己预见到的下周7天可能会出现的烦恼都写下来，并且署上名字。然后他什么都没说，只是把他们交上来的所有字条都放进一个他称为"烦恼箱"的纸盒子里。

1周过去了，又到了周末的晚上，他再次找来这些志愿者，打开箱子，和他们每个人一一核对1周前他们认为这周可能遇到的烦恼。结果发现，大家担心可能会遇到的烦恼，只出现了百分之十，另外百分之九十根本没有发生。接着，他又让大家把那真正出现的百分之十的烦恼重新写下来丢进箱子。

1个月之后，他又一次找来了志愿者们。开箱之后发现，那百分之十的烦恼几乎全都过去了，他们都已经解决了这些烦恼。甚至，有人已经不记得自己曾经有过那些烦恼了，他们会感到惊讶："我曾经为这个烦恼过吗？"

你也可以试试这种做法，然后你会发现，自己本来是有能力对付这些烦恼的。而且很多烦恼根本就是你自己找来的。可是，烦恼从来都不能消除烦恼，它只会让本来不那么顺心的事情更加糟糕。因为我们的情绪就像一个口袋，里面能盛放的东西有限，假如你装进去了烦恼，就没有更多空间留给快乐。

　　那么，我们该怎样消除烦恼，来接纳更多快乐呢？我有一个简单易行的办法介绍给大家，你只要按照这三个步骤做就可以了。

　　首先，要冷静地分析情况，别让烦恼惹得自己心慌意乱。就像大多数小疾病都可以自己治愈一样，很多烦恼也都会自己减少或者消失。所以，面对烦恼大可不必过于在意，试着把注意力转移开，就会平静很多。比如，假如你的功课是最后一名，不必为此烦恼，那意味着从今天起，你的学习成绩不会再退步了，只有进步的可能了。

　　其次，我们想想看，可能发生的最糟糕的情况是什么，如果发生了自己是否可以承受。有一则征兵启事是这样写的："来当兵吧！当兵其实并不可怕，你无非有两种可能：上前线或者不上前线。不上前线有啥可怕的？上前线后又有两种可能：受伤或者不受伤。不受伤又有啥可怕的？受伤又有两种可能：轻伤和重伤。轻伤有啥可怕的？重伤又有两种：能治好和治不好，能治好有啥可怕的？治不好更不可怕，因为你已经死了。"据说这份启事的效果很明显，年轻人轻松消除了恐惧心理，争相入伍。

　　最后，既然最坏的情况已经可以承受，那就不要怕了，消除恐惧与担忧，才能获取更多能量赶走烦恼。试着把精力和时间用来改善情形而不是抱怨上。

　　契诃夫不仅是一位大文学家，还是一位对人的心理有深刻研究的出色医生。他曾经写过这样一段话，我相当欣赏："为了不断地感到幸福，那就需要想：'事情原本可能更糟呢。'要是火柴在你的衣袋里燃烧了起来，那你应当高兴，而且要感谢上苍：多亏你的衣袋不是火药库；要是有穷亲戚来别墅找你，你不要脸色发白，而要得意扬扬地叫道：'还好，幸亏来的不是警察！'要是你的手指头扎了一根刺，那你应当高兴：'挺好，幸亏这根刺不是扎在眼睛里。'如果你不是住在十分偏远的地方，那你一定要想到命运总算没有把你送到偏远的地方去，岂不觉得幸福？"

烦恼是否存在，主要取决于自己的态度而不是那些现实，所以走出忧虑和烦恼其实不难，只要你自己真的能够做到平和宁静，就不会再被烦恼困扰了。

整个世界都在帮你

你是否意识到了，在自己成长过程中得到了太多人的帮助？或者说，你这个生命本身的精彩，得益于全世界的帮助？

因为，一个人是不会精彩的，这个世界是一个整体，我们每个人都是整体链条上一个极小的环节。所有人都在为整体的完整和平衡努力，缺少了任何一个环节，你自己的生活都会发生微妙的变化。是所有人，是整个世界一起，成就了现在的你。所以，你需要感恩所有人，感恩整个世界的帮助。

虽然你可能并不这么认为，虽然你会认为这个世界充满了竞争与敌意，但事实就是那个样子，这个世界给你的更多的是帮助，而不是阻力。

一天晚上，两个到处旅行的天使到一个富有的人家借宿。可是这家人对他们一点都不友好。这个家庭本来有温暖舒适的客房，却不让这两个衣着朴素的客人住，只让他们住在冰冷黑暗的地下室。两个天使铺床时，老天使发现墙上有个洞，就把它补好了。小天使问他："这家人对我们不好，为什么要帮他们？"老天使回答说："有些事情并不像看上去那样。"

第二天晚上，他们到了一户非常贫穷的农人家里借宿。这对夫妇对他们非常热情，虽然拿出来招待他们的食物粗劣，可那是他们仅有的食物了。然后，他们又把自己的床铺让给两个天使。可是第二天早晨，两个天使起床后发现夫妇俩在哭泣，他们的奶牛死了，那是两个人唯一的生活来源。

小天使非常愤怒，他质问老天使为什么会这样不公平："前一天晚上那户人家那么吝啬，那么富足，什么都有，为什么你还帮他们修补破墙洞。而这户人家这么善良热情，却这么贫穷，而且你居然眼睁睁看着他们家的奶牛死掉？"

老天使还是这样说："有些事情不像看上去那样。"停了停，他接着向小天使解释。"我们在富人家的地下室过夜时，我从墙洞看到墙里面堆满了金块。因为主人被贪欲所迷惑，不愿意分享他的财富，所以我把墙洞填上了。而昨天晚上，死亡之神来召唤农夫的妻子，我让奶牛代替了她。所以，有些事并不像它看上去那样。"

我只是想告诉你，很多时候，有些事不是你看到的那个样子。当你想要像小天使一样抱怨时，可以想想老天使的话，很多事情表面上看起来是阻碍，实际上也许是上天在帮你。

有一朵漂亮的玫瑰花开得特别娇艳，经过的人都会忍不住驻足欣赏一番。她为此非常得意,可是却也很困惑，为什么人们不肯走近来欣赏自己的美丽呢？低头一看，身边有一只又大又丑的青蛙。一定是因为它，玫瑰很生气地让青蛙离开。青蛙没说什么，离开了玫瑰花。可是没过几天，玫瑰花就变得惨不忍睹了。原来青蛙离开后，虫子肆无忌惮地啃食她的叶子和花瓣，她身上千疮百孔，再也没有人欣赏了。

假如你是一朵漂亮的玫瑰花，曾经嫌弃过身边丑陋的青蛙太煞风景吗？你是否意识到它是在帮你呢？很多时候，我们的成绩不是只靠自己努力就可以得到的。所以，千万不要把所有的成功都归功于自己一个人，否则等到"青蛙"离去时，你会后悔自己当初没有珍惜这些人，没有感恩它们对你的帮助。

毫无疑问，这个世上存在许多充满贪婪欲望和暴力的恶行，可是不管你是否相信，这个世界上也有许多善良与友爱，有许多无私的帮助，甚至在那些你没有意识到的角落。

你一定要相信，如果你拥有梦想，全世界都会帮你；如果全世界没有来帮你，那是因为你并非真的想做这件事，因为你没有真正用心去做这件事，因为你没有一直用心在做这件你认为有意义的事。

而那些伤害你的人，在帮你磨炼心智；那些欺骗你的人，在帮你增进见识；那些遗弃你的人，在帮你学习自立；那些绊倒你的人，在帮你强化能力；那些斥责你的人，在帮你找出错误……

假如你认为有些人在你最需要帮助时没有帮助你，那么其实他也是在帮你，因为正是他的这种行为，逼着你独自渡过难关，他帮你变得更强大。别人的冷酷无情会帮你明白人要自立自强，而这才是走向成功的基础。

但尽管全世界都在帮你，你却只能心存感激，而不是心生依赖。遇到问题的时候，我们不可以奢求通过别人的帮助来脱离险境，更不能奢望通过别人的帮助实现成功。因为事情往往就是这样奇怪：当你柔弱无助想要寻求帮助时，往往可能遭受拒绝。但当你强大到不需要任何人帮助你，你会发现，这时候全世界都做好了准备来帮你。

也许，不管是命运女神还是胜利女神，她们都只喜欢勇士和强者。那么，就让自己成为那样的人吧。

向身边的人表达感恩

每年11月我们都要过感恩节，要在那一天感谢上帝赐予自己一切，感谢你的家人、朋友、同事、老板……感谢你生命中的所有，用感恩的心感受世界、感受生活。

我们要心怀感激，并不是因为别人帮了自己多大的忙，而是要记录下人生中感觉很幸福的一点一滴。感谢母亲辛勤的工作，感谢同伴热心的帮助，感谢兄弟姐妹之间的相互理解……对于每一件美好的事物都应心存感恩，尤其不要因为习惯而熟视无睹，忘了感激身边的人。

有一位家庭主妇，多年来辛辛苦苦地干家务、照顾孩子，可是家里的所有人都对她的付出熟视无睹。丈夫每天早出晚归地工作，认为是自己支撑起了这个家。虽然认为她照顾家人也很辛苦，可是却从来没有表示过对她的赞赏与感激。儿子更过分，长大了的他整天嫌妈妈唠唠叨叨管东管西，也没有表示过任何感激之情。

有一天在晚餐餐桌上，这位女士严肃地问自己的丈夫和儿子："假如哪一天我死了，你们俩会给我买束花表示哀悼吗？你们会想起我对你们的关爱和照顾并且表示感激吗？"

"当然会啊。可是你干吗问这个？"丈夫和儿子莫名其妙地回答。

她盯着丈夫和儿子看了会儿，轻轻地说："我在想，到那时候，再多的鲜花也一点意义都没有了。但是在我还活着的时候，一枝鲜花对我就意义重大。"

这位家庭主妇的感慨，也许正是很多父母的感受吧？每个孩子出生的时候，上帝都会派出守护天使照顾他，这个天使就是妈妈。当我们成功时，她分享你的快乐；当你失意时，她陪你走过人生的低迷。妈妈为你做的很多事情，你都认为是理所当然的。习惯使心灵变得麻木，使得我们对伟大的亲情熟视无睹，忘了感恩。

假如你肚子饿了，汉堡店的老板给你一块三明治，你会对他充满感激。可是，有没有想过父母每天为你付出了那么多，你却一直以为那是理所应当的。为什么陌生人一点很小的恩惠就能让我们特别感动，而自己的亲人为我们付出了全部反而不能唤起我们的感恩之心？我们一直认为父母为自己所做的一切都是应该做的，是他们应尽的义务。于是对待父母，我们只是一味地要求而不懂感激。

亲情的易得让你不懂得珍惜，匆匆的脚步带走了感恩的念头。如果试着用感恩之心重新看待身边的一切，你会发现自己的人生变得焕然一新，你会发现原来自己很幸福。否则，难道真要等到某一天在他们的墓前告诉他们自己有多么感激？

除了父母之外，我们同样要对身边的人表达感激。人们对拥有太多的东西，从来都不知道珍惜。你从不感激可以每天见到升起的太阳，感谢上天赐予我们的每一天，你很少感激父母的关怀爱护，很少感激他人的帮助，其实这些都是上天的恩赐。是不是只有当我们失去的时候，当我们发现人生无常的时候，才会感谢上苍，才会了解一切都是上天的恩赐呢？

年轻的你，一定有觉得委屈的时候。可是，世界上的幸福总是有瑕疵的，只要你有一颗感恩的心，就一定能够看到幸福的存在。不管你的处境如何，我们必须相信：目前我们所拥有的一切，不论顺境、逆境，都是对我们最好的安排。因为走过的都是自己的路，我们只有在顺境中感恩，才能在逆境中依旧心存快乐。

作家芭芭拉·安吉露丝说过："感恩就是让我们与自己的心做朋友，直到发现自己是爱与宁静的源泉。"我们需要感激那些有恩于我们却不言回报的每一个人，正是因为他们的存在，我们才有了今天的幸福和喜悦。学会对那些生命中非常重要的人心存感激吧，并且告诉对方你爱他。

你不需要花上成百上千美元，只需要用最简单最有效的方式就可以表达自己的感激。

最简单的，要数说声"谢谢你"，但这谢谢一定要足够及时足够真诚。如果能在说这句话的同时加上微笑，就更完美了。

手写一张"谢谢你"的小纸条，不管是在随手撕下的笔记簿上还是精美的卡片上，都会让收到纸条的人很开心。当然，电子邮件或者电子卡片也可以，只是效果会稍微逊色一点。

年轻的你可能在社交媒体上很活跃，这也是表达感谢的一条途径，不管是Facebook还是Twitter抑或Instagram，你可以在全世界面前表达你的感激。

给他们一个温暖的拥抱。当然，这个只适合特定的人，比如你的爸爸妈妈、兄弟姐妹以及身边很亲近的人。假如你想给陌生人一个拥抱表达感谢，还是准备好抱完赶快跑吧。

最后，最传统也非常实用的方法是送一份小礼物。而这份礼物最好是有意义的，要让接受的人感受到你的用心，而且最好对他们有用。

第九章

奋斗，然后成为哈佛No.1

人生只有一次，且不可逆转。当太阳落山，夜晚来临之时，一天即将结束。你是否会在睡觉前问自己这样的问题："嘿，伙计，今天你过得如何？你是奋斗了一整天，还是成功地混了一天日子？"要知道，每一个哈佛人都会珍惜每一天的时光，因为他们相信，当自己做梦时，身边会有无数的人在朝着No.1而努力。

今天的奋斗决定未来

时间像一条流动的线,在已经过去的时间里,你的每个行为都会在今天或未来产生"投射"。

就在前几天,我的一位朋友查尔斯被检查出了糖尿病,这很不幸,因为他只有43岁。医生认为他在过去的时间里,长期大量地食用甜品、吸烟和不运动,是患病的主要原因。查尔斯十分失落地告诉我,如果知道今天会是这个结果,他一定会远离那些糟糕的习惯。

是的,今天发生的一切事实,都是由于昨天的行为导致的。如果你在过去养成了好的习惯,那么,今天,你将会成为好习惯的受益者。相反,你今天在工作和生活中所面临的问题,多半也是你过去时间里坏习惯或行为的累积。你怨不得别人。

"提前为明天做准备",是哈佛大学上百年来的成功信条,对任何有梦想和追求的人来说,这很重要。当你能够意识到这一点时,你就不会停下奋斗的脚步,你会努力多做一些积极的事情,让自己能够在未来体会到今天行动的效果。

举个例子,萨缪尔·钱德勒,一位哈佛毕业的高材生,现任华尔街一家知名投资公司的基金经理。当初为了得到这个职位,他需要和众多的金融领域富有经验的其他应聘者竞争。在长达半年的反复测试中,他最终脱颖而出,得到了这份年薪80万美元的工作。

人们很好奇，为何一个毕业生能够被委以重任呢？难道只是因为他头上顶着哈佛的光环吗？其实并不是这样。萨缪尔之所以能够得到这个职位，一方面得益于他扎实的学识背景，另一方面在于，在上学期间，萨缪尔就开始了在一家证券公司的实习工作，这为他积累了丰富的实践经验。

做实习生的过程中，萨缪尔每天都认真完成各项工作，同时还利用难得的机会，在下班之后研究各项企业并购案例、股票市场的投资技巧等等。以至于实习公司的老总在开会时，当着全体员工的面说："你们应该学学萨缪尔，他总是加班到最后一个离开公司的人！"

就这样，经过漫长的积累和不断学习，萨缪尔已经超越了实习生的水平，甚至可以独当一面了。以至于实习期结束后，公司老总希望他能够在毕业后来公司工作。但是萨缪尔坚信自己能够得到更棒的职位。当然，他成功了，从数百位应聘者中抢到了那份年薪80万美元的工作，更重要的是，他踏入了华尔街最有影响力的平台。

萨缪尔的成功之处在于，他在毕业之前就为自己打好了基础，和大多数的毕业生相比，他付出了更多的努力，掌握了更多的工作经验，这是他区别于大多数人的地方。

在你的周围，一定有这样的人，他们认为自己进入了好的学校，就等于拥有了好的未来。我在一些还算不错的大学中，见到过很多这样的人，他们聪明且志向高远，计划着毕业之后找到一份理想的工作，开始自己理想的人生。但遗憾的是，他们毕业之后才发现，只是凭借优异的成绩顺利毕业是不够的，好的职位并没有那么容易得到。

所以，无论你现在是在学校里学习，还是已经开始了工作，你都不应该让自己松懈，而是要为自己的未来付诸行动。

我有一系列建议，你也可以把它们视为一种练习，这会帮助你提高每一天的质量。

1. 设计一下你的目标

万事皆由目标指引,想象一下未来,例如 3 年之后,你在做什么,你取得了哪些成功,你区别于其他人的强项在哪里。你应该尽可能地去想象那种画面,然后写下你的目标,让目标驱动你的工作和学习。

2. 为目标制订计划

根据你的目标,你需要做个详细一点的计划,例如你想创业成为企业家,你就必须要设计好几个阶段,每个阶段做什么,需要学习什么,创业的资金从哪里来,又需要多少等等。

3. 每天都提高自己

提高自己是你永远要坚持去做的一件事,学习你需要掌握的知识,或是参加培训班、社会实践等等,你的经验会随着每一天而增加,当你需要让经验发挥作用时,你会感谢自己之前所付出的努力。

4. 不断激励自己

找一些能够让你感到愉快的事物,例如一本有意思的书、一部好看的电视剧或一杯咖啡,作为对自己今天奋斗的奖励。这种及时的奖励,既可以帮助你消除精神上的疲劳,同时还能让你在潜意识中将付出和回报连接起来。

5. 让别人帮你成功

你有你的计划,别人也有别人的目标,你的同学、同事或朋友中,一定会有和你一样充满斗志的人,找到这样的人,形成一个互相激励的合作伙伴,彼此督促,你会感到你不是一个人在奋斗。

总之,你有很多种方法可以让自己成为一个坚定的奋斗者,你今天所做的一切都会在未来得到体现。当你取得伟大的成就时,你会感谢自己的付出,并在心里欣慰地接受它,因为那是你应该得到的。

离开你的"安乐窝"

还记得我在前面和你讲过,"越是让人恐惧的事,越值得战胜"这句话吗?在很多人的内心深处,其实让他们感到恐惧的是一种改变。特别是对现状的改变。

我也遇到过这样的问题,那是多年以前,当我还是个刚刚毕业的小伙子时。我面临一个选择,要去国外工作一段时间。这意味着什么呢?意味着很长时间内,我将会失去和父母家人相聚的机会,这也意味着,我与本地朋友的关系可能会逐渐疏远,不可能经常见面,同时也意味着,我将会到一个陌生的地方,结交新的人,开始新的生活。他们会不会不喜欢我?

总之,我会失去我之前积累的人际关系,而一个人到另一个陌生的国度开始生活,我无法想象那会有多么无趣和寂寞。这并不像是旅游,而是工作,你需要在一个陌生的环境下工作,你可以想象吧。

这让我感到恐惧,我幻想着自己独自走在陌生的城市里,生病的时候,身边连个朋友都没有,这得有多么糟糕。而且,我还要适应当地人的语言、说话的方式和生活的习惯。

但是我还是做出了选择,我把这次经历视作一次机会。离出发的时间越近,我越是恐惧,我相信你也能理解我的感受。当飞机起飞的刹那,我反而变得踏实了,因为我知道自己已经踏出了这一步,剩下的就是坚持下去。

幸亏我在出发之前,就已经把自己可能遇到的各种糟糕情况都想了一遍,结果到了那里,我很快适应了那里的生活。逐渐,工作步入了正轨,我和家人、朋友的联系也可以借助网络来实现,慢慢地,我有了新的朋友,我并不感到孤单和寂寞了。

逐渐,随着时间的推移,我开始慢慢喜欢上那个地方,发现了很多新的乐趣。中间我利用假期回家和父母朋友相聚，带给他们当地的特产。是的，我已经完全适应了那里的生活，并把工作做得令人满意。

2年时间过去了，我甚至有些恋恋不舍地离开了那里，当我走下飞机，我甚至还有些失落，怀念那里的生活。

不过好的消息是，这2年的境外工作经历，让我得到了职位的提升，锻炼了自己的能力，结交了不少新的朋友。再想想当时自己度日如年恐惧的样子，我甚至觉得自己有些好笑。

现在想想，这段经历给我的一个重要启示是：改变会带来恐惧，而一旦克服恐惧，让改变变成现实，将会逐渐适应它并发现它的价值。

我一直生活的家和朋友圈子就像一个"安乐窝"，既温暖又快乐，但是我知道，离开这个"安乐窝"到外面工作2年，对我的事业更有帮助，我必须克服这种恐惧，去改变和适应。

我相信，你也有你的"安乐窝"，现状让你感到满意，和很多人相比，你甚至觉得自己已经很不错了。但是你要知道，当你正在满足于现状时，又有多少人为了摆脱现状而奋斗？就像改变一个根深蒂固的习惯一样，改变现状并不容易。你明明知道有些改变能让你获益匪浅，但是潜意识告诉你，你会同时失去一些快乐，所以很多人不愿付诸行动，打破已有的平衡。

在美国，众所周知，肥胖是困扰数千万年轻人的问题，全美生意最火爆的地方就是健身馆。但是根据全美健身者俱乐部的统计显示，约有78.5%的健身者在1个月内就终止了健身计划。这听上去多么令人震惊啊！大多数人的钱白白打了水漂，却每天还在为自己的一身赘肉而发愁。

一方面，人们不甘心完全向生活妥协，但另一方面，大多数人身上的惰性是巨大的，这种惰性限制了人们做出正确的改变，脱离现状。你是这样的人吗？你是否生活在跳不出来的循环当中？说到这里，我想起了一个经典的故事。

有一个中年经理忙于应付账单常常焦头烂额，所以他决定向一个财务顾问请教。这位经理与一个备受尊敬的财务顾问安排了一个约会，这位顾问的办公室坐落在公园大道的一幢豪华大楼里。经理走进了顾问精心装饰的接待室。令人惊讶的是，经理并没有见到接待小姐，而见到两扇门。一扇的记号为"被雇用的人士"，另一扇为"自雇人士"。

他走进"被雇用人士"的门，又见到两扇门，一扇记号为"赚超过30000美元"，另一扇为"赚少于30000美元"。他的收入少于30000美元，所以他就走进了这扇门，却又见到另两扇门。左边的一扇记号为"每年存5000美元以上"，而右边的记号为"每年存5000美元以下"。经理在银行里只存了3000美元，所以他走进右边的门，却惊讶地发现他又回到了公园大道。

没有任何东西比陷入循环更可怕！如果不加改变我们只能在原地徘徊，看着与自己曾经在同一起点的朋友或同事差距越来越大。只有狠下决心，改变现状，你才能看到希望。

多晚开始都不算晚

不管你现在是20几岁、30几岁还是40几岁，你的人生随时都能发生改变，这不是在欺骗你。但很多人却无法实现改变，问题不在于他们没有机会，而是他们放弃了自己选择机会的权力。

弗兰妮·艾德里是我多年的朋友，她在50岁之前，生活按部就班，和大多数那个年龄的人一样，她也希望自己能够安稳地退休，享受天伦之乐。

在55岁生日的时候，她在家里举办了个小型聚会，邀请的都是亲朋好友和邻居，大家在一起庆祝她的生日，弗兰妮还特地为大家烘焙了很多的饼干。

朋友们一边帮她展望退休后的生活,一边吃着她的饼干,大家纷纷赞美:"哦弗兰妮,你做的饼干真是我吃过最好的""弗兰妮,生日快乐,你的饼干里一定放了什么,让我停不下来!"等等。还有一位老朋友玛丽一边吃一边说:"弗兰妮,我敢打赌,你的饼干放在市场里,一定会被一抢而空!"

弗兰妮微笑着接受大家的赞美,在她看来,或许这只是大家的恭维。在一片热闹声中,弗兰妮的生日派对结束了。可是,玛丽的话一直在她头脑中响起,"你的饼干放在市场里,一定会被一抢而空!"玛丽说的是真的吗?我的饼干真的那么受欢迎吗?我真的可以尝试着让我的饼干成为商品吗?或许我可以开个饼干公司?

马上,弗兰妮又在想,我都已经55岁了,到了安享晚年的年龄,那些做生意的事情会适合我这样高龄的人吗?我是不是应该把时间放在陪陪孙子、孙女身上?

但是,一想到人们争相购买印有弗兰妮名字的饼干,弗兰妮就兴奋,这让她睡不着觉,她觉得自己的人生一直以来都很平静,或许应该试着做点什么了。

出于强烈的愿望,弗兰妮和孩子们沟通了自己的想法——创办一家饼干公司。尽管孩子们并不完全赞同,但是弗兰妮还是说服了他们,拿出了自己多年的积蓄,并在自己56岁的时候创立了自己的饼干公司。

你猜怎么样?她的饼干迅速成为了市场的宠儿,没有几年,她的饼干公司一年竟有几十万美元的收益,比她之前所有的积蓄还要多!

她不光创造了自己的奇迹,还为自己的孩子创造了产业和财富,只是因为55岁的时候,她做出了人生的改变。

一个50多岁的老人尚能如此,那么你呢?你的人生也可以发生改变,不是吗?

从弗兰妮的身上你能得到哪些经验?我得到的经验,一是永远也不要小瞧自己,你随时都能够创造奇迹;二是年龄不是你拒绝改变的理由,相反没准是你的优势；三是强烈的愿望会指引你发生改变，请遵循你内心的感受。

就像我在上面讲到的那样，别人无法替你的人生做主，能够改变你自己的，只有你强大的心理。或许你会有自己的想法，但是你被按部就班的生活所束缚，也许你想试着换一种生活状态，但是你身边的人总是告诉你不要这样不要那样。可是你必须对自己的心负责，你要遵循你内心的感受，你更要保护好自己的企图心，那是你成功改变人生的关键。多少次，我见到那些对生活充满渴望的年轻人，因为现实的生活，而放弃了自己的理想，扼杀了自己的潜力。我为他们深深感到遗憾。当你犹豫不决的时候，想想弗兰妮吧，一次改变，你或许能够得到截然不同的人生。

泰勒·斯威夫特，Billboard 排行榜冠军单曲拥有者，可能是你非常喜欢的歌手，她在全球拥有亿万粉丝，每年唱片销量千百万张。她在自传式录影带《无所畏惧》中向人们传达了她的人生态度：做自己想做的事，对任何困难都无所畏惧。正是这种态度，让从小喜欢音乐的她，最终走上了事业的巅峰。

阿诺德·施瓦辛格改变人生的标志性人物。从健美运动员，到成功的动作片演员，再到加利福尼亚州州长，他的人生太精彩了不是吗？每一次改变，人生都上了新的台阶，赋予了新的意义。你甚至无法预知他下一步会做什么？竞选美国总统？创立影视公司？甚至是成为一名宇航员！总之，一切都有可能。

你会觉得，那些成功的人，只要他们想，他们就能成功，做什么都可以。是的，他们想，然后把想法变成现实，这样的步骤，既简单又神奇。

那么，多少次，你有自己的想法之后，你明白自己的需求之后，却因为外在的一些事物，而抑制住自己，逐渐地，你对生活妥协了。你的人生，就像走不出去的迷宫，永远在那种状态里绕来绕去，这就是你想要的吗？

如果不是，开始改变吧！

跨过阻挡你的那道栏

人体，应该可以算作造物主最奇妙的恩宠。就在我们的身体上，存在着那么多可以被称为奇迹的事实。

你可能会想当然地觉得，病人身体里那些患病的器官一定处于非常糟糕的状态，机能非常差。然而外科医生们在长期的临床经验中发现，那些患病的器官反而比正常的器官机能更强——肾病患者患病的那只肾要比正常的大；心脏、肺等几乎所有的人体器官也都存在着类似的情况。就好像这些患有各种疾病的器官在顽强地奋斗着一样！医学研究者们将这种现象解释为，患病器官在和疾病病作斗争的过程中，功能会不断增强。

再观察一下我们身边的人们：盲人的听觉、触觉、嗅觉都要比一般人灵敏；失去双臂的人平衡感更强，双脚更灵巧；在音乐上有着高深造诣的人往往听觉或者视觉有缺陷……看看那些残疾的舞蹈家的舞姿，或者残奥会上的精彩瞬间，还可以听听《英雄交响曲》到《第九交响曲》，要知道，这些最伟大的作品都是贝多芬双耳全聋之后创作的。

一些心理学家将这种现象称为"跨栏定律"，即一个人的成就大小往往取决于他所遇到的困难的程度。上帝在关上一扇门的时候，往往同时打开了另外一扇门。但是只有经过不断的努力，才能找到新的出口。

我的一位朋友这样描述自己第一次见到霍金的情景：一个骨瘦如柴的人斜躺在电动轮椅上，他自己驱动着电开关。他要用很大努力才能抬起头来。在失声之前，能用非常微弱的变形的语言交谈，这种语言只有在陪他工作、生活几个月后才能通晓。他不能写字，看书必须依赖于一种翻书页的机器，读文献时必须让人将每一页摊平在一张大办公桌上，然后他驱动轮椅如蚕吃桑叶般地逐页阅读。

一次，一位女记者提出了一个尖锐的问题："霍金先生，难道你不为被固定在一个轮椅上而感到悲哀吗？"

霍金镇定自若地用手指在键盘敲出了这样一些字："我没有悲哀；我却很庆幸，因为上帝虽然把我固定在这轮椅上，却给了我足以想象世界万物、足以激发人生斗志的能力，其实，上帝对人都是很公平的。"

没错，这个被禁锢在轮椅上将近50年的人，就是在困境中艰辛地蜕变，最终被人们誉为"宇宙之王"的人。那残损的身体和智慧的大脑如此不和谐，但却又那么神奇。他写出了著名的《时间简史》，推动了科学界的飞速发展，为世界做出了巨大的贡献。同时，他也被称为与英国的牛顿和德国的爱因斯坦并列的世界三大科学家之一，他的成就足以凌驾当今科学金字塔的顶峰，成为一颗最耀眼的北斗星。

现实生活中，人人都曾遭遇失败，因为失败是每个人所必须经历的，既然它是我们人生历程中的必经阶段，我们就不能躲避它，我们就得勇敢地面对失败和困境。失败和困境从某种意义上来说并非就是人的绊脚石，反之，它是人生的里程碑。每一个失败象征着一个里程碑，每一次的困境代表一次新的开始，你会更强大。所以，我们要好好地面对失败和困境，从中检讨自己，这样我们才会进步。

每当有人向我抱怨生活不公一切不顺的时候，我总是会依照惯例，和他分享爱德华·依文斯的故事。

出身贫苦的依文斯依靠卖报、办杂货店起家。当事业小成的时候，他连遭厄运，先是替朋友背书的支票遭遇了清算风波，接着是其全部财产随着储蓄银行的倒闭而瞬间消失。很快地，依文斯除了16万美元的债务外一无所有。厄运似乎并不愿就此放弃对他的折磨。医生告诉他，他只有2周的寿命……

突然被推到生死边缘，依文斯忽然坦然下来，决定从此努力把握剩余的每一天。

奇迹终于打败了厄运。2周后，依文斯依然生龙活虎。6周后，依文斯更加健壮了。经此一难,依文斯忽然有所顿悟:让一切的患得患失见鬼去吧!

从此,依文斯安心工作,而不问今天的报酬,30元和2000万对他来说,只是个数字而已,他更加重视工作所带来的体验。

也许是奇迹拯救了依文斯,也许是心态唤来了奇迹。他不仅战胜了疾病,甚至最终成为了一家基业长青的上市公司的创始人。命运将一道高高的栅栏横在他面前,他曾跌倒,但是最终扬起自信,成功地成为了"跨栏者"。在困境中崛起的依文斯是个更强大的依文斯。

"哦,我真倒霉!""嘿,我可不怕这个!"当你面对困厄时,你希望从心底泛起哪一句呼声呢?每次讲完爱德华·依文斯的故事,我总是会问我的听众同样的问题。

有人把逆境看做是一种人生挑战,外在的压力之下,他能够充分发挥自己的能力,对自己的潜力有了新的发现,自身的价值也得到了进一步的肯定。还有一些人好像就是为逆境而生的,一帆风顺的时候,他就会提不起精神来,而一旦遇上逆境,有了压力,他反而精神抖擞,变成了一个全新的人。

逆境也许是这个世界中的一种选择机制,它就像一道栏杆那样摆在你的面前。如果你能够跨过去,那么你可以继续前行,反之,你将会永远被阻挡在这道栏之后。

发挥你的天赋才叫"酷"

年轻人喜欢的标新立异的外形和与众不同的行为,并不是一件多"酷"的事,充其量可以说有点个性而已。

在我看来，真正的"酷"是发挥自己的天赋。这就像脱口秀女王奥普拉，她把自己在沟通上的天赋发挥到极致；还有奥斯卡影帝科林·费尔斯，他的完美演技也是天赋的体现；巴菲特凭借自己在金钱上的天赋，一度成为了全球首富。所以，你会发现，各个行业的杰出者，其实都是天赋的杰出使用者。

用天赋来做事，会表现得更出色，投入更少的时间得到更多的回报，这才叫真的"酷"！

不用怀疑，在你的身体里，一定具有某一方面的天赋。爱默生曾经说："人生来就具有一定的天赋。"所谓天赋，是指一个人在成长之前就已经具备的成长特性，它指针对特别的东西或特定的领域所拥有的先天能力。

在某一领域拥有天赋的人，往往可以在同样经验甚至没有经验的情况下，以别于其他人的速度成长起来。因此，找到自己的天赋，并发挥自己的天赋，对每个人的成长都至关重要。天赋可以为我们节省下许多发展的时间，也可以避免许多弯路。

奥尼尔在《进入黑夜的漫长旅程》中曾经说："尽量发挥自己的天赋，用得其所，将来一定能在成功的路上登峰造极！"发挥自己的天赋，你首先必须发现它。在希腊帕尔纳索斯山南坡上，有一个驰名古希腊的戴尔波伊神托所。在神托所入口的石头上刻着两个词，用现在的话来说，就是认识你自己。古希腊哲学家苏格拉底经常引用这句格言来提醒人们，每个人都需要认识自我、发现自我、把握自我。认识自我，当然也包括认识自我的天赋。

格雷格·洛加尼斯，是美国著名的跳水运动员，他的跳水成就在整个世界体坛上也是有口皆碑的。格雷格·洛加尼斯的成功，也是从发现天赋到发挥天赋的一个逐步成长的过程。童年的时候，害羞的格雷格·洛加尼斯在讲话和阅读上总是表现得十分笨拙，这让他常常受到同学的嘲笑和捉弄，他非常沮丧和懊恼。

格雷格·洛加尼斯发现自己非常喜欢并精通于舞蹈、杂技、体操和跳水，自己的天赋绝不是语言也不是阅读而是在运动方面。于是，他开始专注于这些天赋领域的训练,期望可以脱颖而出。经过一段时间的努力,格雷格·洛加尼斯发挥了自己的天赋,并开始在各项比赛中崭露头角,这使他找到了自信。

但是,好景不长,到了中学时期,格雷格·洛加尼斯便发现自己在这诸多领域中有些应接不暇。因为无论是舞蹈、杂技、体操还是跳水,都需要辛勤的付出,而他不可能有这么多的精力和时间去做。他知道自己必须有所舍弃,只能专注于一个目标。但他不知要舍弃什么、选择什么。

这时,他遇到了乔恩——一位前奥运冠军。经过对洛加尼斯的观察后,他得出结论:洛加尼斯在跳水方面更有天赋。洛加尼斯在经过与老师的详谈后,认为自己的确更喜欢跳水,他认识到以前之所以喜欢舞蹈、杂技、体操,是因为这些可以使他对跳水更加得心应手,可以为跳水带来更多的花样和技巧。于是,洛加尼斯在诸多天赋项目之中,经过分析和判断,选择了最适合自己发展的跳水项目。

明确了方向之后,洛加尼斯开始进行专业化的训练,希望在跳水方面能够有所突破。多年之后,洛加尼斯终于在跳水方面取得了骄人成绩。由于对体育事业的杰出贡献,洛加尼斯在1987年获得世界最佳运动员称号和欧文斯奖,达到了一个运动员荣誉的顶峰。

发现你的天赋,这是发挥天赋的前提。在这个过程中,你需要对自己有充分的分析和认识,并在此基础上明确自己的天赋。在这个过程中,你也可能会遇到一些反复和挫折,但请不要泄气,因为发现天赋本来就不是一个简单的过程。

在发现了自己的天赋之后,你需要怎么做呢?你需要做的便是坚持。坚持发挥自己的天赋,有时候并不是一件简单的事情。也许你会受到周围人的质疑,也许你会遭到许多挫折和不顺,但请一定记住:只有你自己,才是最了解你自己天赋的人。所以,一旦你选定之后,就请不要轻言放弃。

世界球王贝利说过:"我是天生踢球的,就像贝多芬是天生的音乐家一样,我就想认认真真地踢球"。发现天赋、坚持天赋，是每个人发掘天赋、赢得成功的关键。

在这个过程中，也许有反复，也许有挫折，但请相信，这条道路的前途一定是光明的。正如苏霍姆林斯基在《给儿子的信》中的所说的那样："我认识一些人，他们热爱乍看来极其平常、微不足道的工作。他们成了本行的诗人、艺术家，他们的技艺达到了炉火纯青的地步。这因为天赋和教育所给予的一切在他们的生活中达到难得的和谐一致。"

那么，我的朋友，你的天赋是什么？你准备如何把它发挥到极致呢？

不要渴望被赞美

作为你的朋友，我希望这本书能够让你变得优秀，但是我同时也希望你能做到一点：不要渴望自己被别人赞美。我深深地了解一些年轻人的想法，他们觉得自己变得优秀的重要好处是，能够得到别人赏识的目光和赞美。这种想法并没有错，但是这并不应该成为你走向优秀的推动力。要知道，只有小学生才会希望每天都能得到表扬。

当你习惯于被别人赞美时，会把很多赞美当作理所当然的事，它们也很难再给你带来更多能量。倘若别人一旦停止赞美甚至给予你批评或指责，你会在巨大的落差中滋生巨大的负能量。

因此，我会建议你早日摆脱对别人赞美的依赖。说到底，不管是赞美还是批评，都是来自外界的声音，它可以对你产生影响。但倘若它们能对你的人生产生决定影响，我只能说，你的心理承受力过于弱小，这将会导致你无法强有力地掌控自己的人生。能够给你最根本最长久正能量的，永远应该是你对梦想和个人价值的追求。

已故苹果公司创始人，伟大的史蒂夫·乔布斯有一段话我非常欣赏，"你的时间有限，所以不要为别人而活。不要被教条所限，不要活在别人的观念里。不要让别人的意见左右自己内心的声音。最重要的是，勇敢地去追随自己的心灵和直觉，只有自己的心灵和直觉才知道你自己的真实想法，其他一切都是次要。"你会被别人的声音左右吗？哪怕是赞美的声音？

不管有没有人来赞美你，你都应该相信安东尼·罗宾所说的，人类生来是为了成就事业，每个人的生命里都有一颗伟大的种子。你当然也不会是那个例外。所以，无论如何，你都是一个有价值的人，你永远都不会失去创造美好事物的能力。

当佛兰加入职业橄榄球队的时候，别人给他的评价实在不怎么令人乐观。尤其是那些体育评论家的言语，让人相当沮丧。

他们在报纸上是这样评价佛兰的："他的身材过于矮小，而且双脚动作太慢、太弱了。"看到这样的评价之后，他的很多朋友、队友包括教练，都认为这位年轻人应该重新考虑是否真的适合从事这份职业。在竞争激烈的橄榄球运动场上，他这样的身体素质和外在条件，能够胜出吗？甚至，能够生存下去吗？

虽然质疑的声音不断，但是佛兰不相信。他很清楚自己的劣势，也非常清楚自己的优势。他身材并不高大，速度也不是非常快，但是对球的感觉非常好，控球能力很强。他认为，这是一种难得的天赋，他一定要把它发挥得淋漓尽致。

结果呢？佛兰不仅成功在球队留了下来，还在非常短的时间里成了最佳球员。他不但成为第一控球手，还获得最佳夺球手和最佳传球手的美誉。而且，假如你对明尼苏达州维京队有所了解的话，会知道，佛兰不仅是美国橄榄球联赛中任期最长的一位控球手，他的传球码数更超过橄榄球史上任何一位控球手。这些表现，是对当初那些评论最有力的回应。

任何时候，我们都不能决定别人会给我们怎样的评价，是赞美还是诋毁。但任何时候，你都可以决定自己如何应对这些声音。赞美也好，质疑也好，你都没有理由轻视自己，你应该做的是从一切外界的反馈中汲取对自己有益的正能量。

我曾经读过一本名叫《洞视一切》的书，里面有段话说，"斯堪的纳维亚半岛人有一句俗话，我们都可以拿来鼓励自己，'北风造就维京人'。我们为什么会觉得，有一个很有安全感而很舒服的生活，没有任何困难，舒适、清闲，能够使人变成好人并且变得很快乐呢？正相反，那些可怜自己的人会继续地可怜他们自己，即使舒舒服服躺在一个大垫子上的时候也不例外。在历史上，一个人的性格和他的幸福，却来自各地不同的环境；好的、坏的，各种不同的环境，只要他们肩负起他们个人的责任。"

是啊，只要我们能肩负起自己的责任，那么没有什么人会不快乐，不管有没有人给你赞美。我想把瑞典的一句谚语送给大家："无论你转身多少次，你的屁股还是在你后面。"即便有无数人给你赞美，也总会有人说你不好不对。所以，你又何必一直渴望得到别人的肯定与赞美呢？倘若你能做到无视别人的批评或赞美，不会被别人的声音左右自己的心情，恭喜你，你已经拥有了相当健全、强大的心理状态。

让自己多一点自制力

有些人，他们身上散发着与众不同的光芒，事业上如日中天，过着众人称羡的富裕生活，似乎他们在人生生涯中无往而不利，好像他们是注定幸运的人。

但实际上,这些春风得意的人无论是智力还是外貌,与我们并无大的区别,在资质方面很普通,上天也没有对他们格外地眷顾。只因为他们懂得运用心态的力量。

深入分析这些人的成长历程,不难发现,他们身上的确有着异于一般人的特质,他们的心从不受到束缚,几乎顽固地坚持自己的理想,为此甘愿承受重负;他们有着果决的行动力;对人生他们一向抱着积极热忱的态度;他们有着行之有效的自律生活,以及毫不虚华、踏实的生活态度,他们理当受到生活的厚遇,拥有强大的心态正能量。

所以,或许那些成功的人们,不管是运动健儿,还是商界精英、政界领袖,他们和其他人之间有着一条明显的界线。这个边界并非标示特殊环境或具有高智商,也不是高等教育或天赋差异的归类,更不是靠时来运转,而是自我管理、自我控制。

著名的成功学家拿破仑·希尔经过数十年的研究和探索,总结出了获得成功的 17 条准则,这些准则被人们称为"黄金定律"。其中第五条是"要有高度的自制力"。在这方面,拿破仑·希尔有着深刻的切身体会。

在创业初期,拿破仑·希尔通过一件小事发现自己缺乏自制力。这件事情虽然很小,但却给了他惨痛的教训,使他认识到一个人要想取得成功必须先学会驾驭情绪这匹烈马。

一天,希尔正在办公室里紧张地工作着,电灯突然熄灭了。希尔立刻跳起来,冲进办公大厦管理员办公室。希尔到了那儿,管理员正在悠闲地吹着口哨。希尔气愤极了,就对着他破口大骂起来。希尔把能想出来的恶言恶语都用上了。那位管理员一点儿也没有生气。后来,希尔实在想不出什么骂人的话了,只好停住。这时,管理员转过身,用柔和的语调对希尔说:"你今天是不是太激动了?"他的话很柔软,但希尔却感到像一把利剑刺进了自己的身体。希尔站在那儿,不知道说什么好。

希尔在想,我是一个研究心理学的人,竟然对着一个管理员大喊大叫,这实在是一件令人感到羞辱的事情，希尔飞快地逃回了办公室。坐在办公室，希尔什么也干不下去了，管理员的微笑老是缠绕着他。希尔认识到了自己的错误，他决定向管理员道歉。

管理员见希尔又来了，仍然用温和的语调说："这一次你又想干什么？"希尔告诉他是来道歉的。他说："你不用向我道歉。你今天所说的话，只有天知地知你知我知，我不会把它说出去的，我知道你也不会把它说出去的，我们就这样了结了吧！"希尔被管理员的话震撼了，他走上前去，紧紧地握住了管理员的手，真诚地向他表示歉意。

这件事使希尔认识到，一个人如果缺乏自制力，就有可能变得疯狂。这样，他不仅不能结交到朋友，反而非常容易树敌。拿破仑·希尔用自己的亲身经历，向我们讲述了自制力对于一个人取得成功的重要性。一个人能否有所成就，机会和能力是最主要的，但是，学会控制情绪也是不可缺少的重要条件。

虽然"自我控制"听起来是个过于空洞的词汇，细说起来内涵却很明确。任何一个组织（学校、公司、单位、社会），总需要这样或那样，硬性或柔性的规则来约束，才能维系，才不会散架；但是个人的生活，往往在这方面有所缺乏，所谓"自我控制"，可以理解为认识、培养、建立、维护自己生活的规则和模式，然后努力让自己的生活变成某种样子。

或许你觉得自己自制力不错，那么现在就来回答一个问题：在一天高强度的学习或工作之后回到家里，你是否可以轻易控制自己的情绪？

如果不能，就不要对自己的自制力太过自信了。它直接影响着人脑的反应速度以及感受的强度，悲伤、恐惧、愤怒、好奇、欢快等种种情绪在意志力低下时都会被放大。所以，通常，自制力强是一个很好的信号，它意味着你有足够的正能量，能够自我克制。

自制力强的人，具有内在的、巨大的、无声的能量，他每一次成功运用自制力，都能获得更多智慧、安宁与能量。他们深深懂得：强大的自制力，已经确立了自己是心灵主人的地位,那么,所有俗不可耐的干扰全部微不足道,而宇宙间所有积极的力量,都可以为自己竭诚服务。

而一个缺乏自制力的人,会很容易受到负能量的影响,行为更容易失控。一切失控行为,皆来自心灵的放纵。因此缺乏自制力的人,很难成为命运的主宰。

那么,或许你会问,我该如何提高自己的自制力呢?哈佛大学心理学家霍华德·加纳德给出了五点建议,我相信这些会对你很有帮助。

1. 远离那些破坏自制力的事物

破坏自制力的事物包括酒精、娱乐、无休止的聚会、美食等等,最好的办法是离这些"诱惑源"远一些,这一点对于自制力薄弱的人来说尤为重要。

2. 学会掌控自己的时间

你应该在每天晚上睡觉前为自己制定一份清单,包括你第二天的工作、学习内容,并最好具体到每个时段,每完成一项划掉一项,坚持做下去,自制力就会提高。

3. 积极地调整你的情绪

当情绪欠佳时,自制力就会下降。所以,你有必要学会调整情绪,例如减少使用负面的词语,停止抱怨,或是尽量转移注意力,让自己的情绪稳定下来。

4. 不要为自己寻找借口

自制力差的人,一般也喜欢寻找借口和理由放松自己,所以如果能够远离借口,相应地,自制力也会得到提升。

5. 做一个信守承诺的人

信守承诺,不光是一种美德,更是一种意识上的自我约束。当你对自己或别人做出承诺时,你应该时刻牢记这种承诺,用行动去实现承诺。

不妨多一点偏执狂精神

很多人对"偏执"没有太多好印象,我们往往认为,在任何情况下人们都不应该过于偏执。但实际上,有时候我们还真的需要做一个思想上偏执的人。因为,很多事实告诉我们,偏执狂更容易成功。

有一个雕刻家,自从干上这一行后,从来没有好好睡过一次觉。每当有作品需要创作的时候,他的一日三餐仅是几片面包。清晨他从面包铺里买来面包,吃一个当早餐,剩下的就揣在怀里。他爬到高高的梯子上工作,饿了便啃面包充饥。

他本来并不是一个孤僻的人,但是从事雕刻工作的时间越长,他越无法跟人沟通。在创作的时候,只要有一个人在场,就能完全扰乱他的情绪。他必须要有一种与世隔绝之感,方能得心应手地工作。他最大的痛苦不是创作不出满意的作品,而是需要为生活琐事忙碌。他以前并不是一个追求完美的人,但到后来,他无法容忍自己作品出现微瑕。一旦他在一件雕像中发现有错,就会放弃整个作品,转而另雕一块石头。所以,他留给这个世界的作品很少。

他的名字叫米开朗基罗,一位天才的雕刻艺术家。

几百年前一个下着雪的早晨,名声威震欧洲的米开朗基罗很早就出门了。他在斗兽场附近碰见了城里教堂中的主教。主教惊讶地问他:"在这样的鬼天气里,您这样的高龄,还出门上哪里去?""上学院去。想再努一把力,学点东西。"他回答。几百年后的今天,我们可以想象,在那一天,他所在学院的学生们还在有火炉的房间酣睡,而一位风烛残年的老人,却"吱呀"一声打开了结着冰花的工作室的门。

人们时常会问,究竟为什么别人成功了,成功究竟是什么,成功是否无止境。也许从米开朗基罗的经历中,我们就可以知道,成功在很多时候都是一种思想偏执的果实。不顾他人的想法,执着地做自己认为正确的事情,这种充满激情与勇气的"偏执",是一种巨大的情绪能量,可以让一个人在不断的学习过程中成就非凡的事业。

用马克·吐温的话来说就是:偏执者与神离得最近。对于我们而言,做什么事情如果都能达到痴迷忘我的程度、达到偏执狂的地步,那么这种情绪正能量就会带来更多思维正能量、工作正能量。在它们的共同作用下,离成功也就不会太远了。

出身于哈佛大学的偏执狂可不算少数,比尔·盖茨是其中的一位,马克·扎克伯格也是,我相信他们的成功绝非偶然。其实最早把"偏执狂"作为信念的人,是 Intel 公司创始人安德鲁·格罗夫。格罗夫把"我笃信只有偏执狂才能生存"作为自己的格言,他不仅自己这么做,还将其打造成了企业文化。

在 Intel 公司有一个非常流行的鱼缸理论:当你把鱼放在一个方形的容器里,因为有死角,鱼就会待在角落里不动。但当你把鱼放在一个圆形的容器里的时候,鱼会感到压力,就会不停地游动,直到筋疲力尽。这个理论正是"只有偏执狂才能成功"名言的真实写照。

正是格罗夫,多次带领着 Intel 走出困境,创造了每年给投资者平均 44% 以上的回报率的奇迹。他重新定义了 Intel,使之从制造商转变为业界领袖。

格罗夫的巨大成就离不开他追求成功的偏执个性,更可贵的是他对待工作的严谨求实的作风。他认为很多人都善于说得头头是道,但身体力行者却寥寥无几,很多人总是自以为是地把新问题当作老问题来解决,不调查、不了解,忽视了问题的变化。因此,他总是不厌其烦地要求企业内各部门经理不要怕琐碎和麻烦,要对外界的情况变化"了解、再了解"。他给人留下的印象始终是非常的执着,越是困难的问题,他越是努力寻找答案。

但是我们需要明白的是,所谓的偏执,并不是固执,并不是对错误的事情的固执，不接受他人的意见。所谓的偏执，并不是一种怪诞的行迹，更不是一种心理变态，它只是告诉我们一个人想要成功就必须具备对正确理念坚持不懈的精神，对完美的不断追求。

要做到这样的偏执，需要有极大的勇气，有时甚至需要冒很大的风险，需要执行者执着地坚持着。而格罗夫正是用他自己的亲身经历告诉我们，只要做到真正意义上的偏执，我们就可以如他一样成功。

只是格罗夫，大凡世界上的伟人们，在当时无不被人视为偏执狂，但他们却同样都是凭着自己的执着及决心，最终达到了目标，取得了自己的成功。

如果你肯仔细分析，会发现，他们不管对什么偏执，共同的特点是对所偏执的对象都充满激情。只有拥有激情这种巨大的能量，才有可能做到偏执。

因为只有一个充满激情的人，才可以偏执地相信自己的思想，不为外界事物所影响，因此他的思维方式可以打破世上已有的思维定式，也就必然可以突破常规，有所创新。

而且，同样是面临难题，激情的勇者想的是如何设法化解，这是一种充满正能量的情绪。而畏难者则想的是如何逃避，这种充满负能量的情绪，必然带来不同的结局。或许，这也就是偏执狂能成功的原因。